中央级公益性科研院所基本科研业务费专项，基于等离子体质谱仪的天然橡胶及其制品多元素检测技术研究，潘晓威，项目编号 1630122023012

海南省自然科学基金,"KOH–超声改性橡胶籽壳活性炭的结构调控及其对重金属吸附机理研究，潘晓威，项目编号：321QN0927

色谱分析仪器管理与应用

主　编　杨　昭　　王如意　　潘晓威　　何春兰
副主编　马会芳　　梁敏华　　涂行浩　　刘元靖
参　编　梁瑞进　　钟　丹

汕頭大學出版社

图书在版编目（CIP）数据

色谱分析仪器管理与应用 / 杨昭等主编 . -- 汕头：
汕头大学出版社，2023.12
　　ISBN 978-7-5658-5219-0

　　Ⅰ．①色… Ⅱ．①杨… Ⅲ．①色谱仪－高等职业教育
－教材 Ⅳ．① TH833

　　中国国家版本馆 CIP 数据核字（2024）第 003380 号

色谱分析仪器管理与应用
SEPU FENXI YIQI GUANLI YU YINGYONG

主　　编：杨　昭等
责任编辑：闵国妹
责任技编：黄东生
封面设计：优盛文化
出版发行：汕头大学出版社
　　　　　广东省汕头市大学路 243 号汕头大学校园内　　邮政编码：515063
电　　话：0754-82904613
印　　刷：河北万卷印刷有限公司
开　　本：787 mm×1092 mm　1/16
印　　张：13.25
字　　数：230 千字
版　　次：2023 年 12 月第 1 版
印　　次：2024 年 1 月第 1 次印刷
定　　价：78.00 元
ISBN 978-7-5658-5219-0

本书编委会

主　编　杨　昭（广东食品药品职业学院）

王如意（广东食品药品职业学院）

潘晓威（中国热带农业科学院农产品加工研究所）

何春兰（广东食品药品职业学院）

副主编　马会芳（中国热带农业科学院农产品加工研究所）

梁敏华（广东食品药品职业学院）

涂行浩（中国热带农业科学院南亚热带作物研究所）

刘元靖（中国热带农业科学院农产品加工研究所）

参编人员　梁瑞进（广东食品药品职业学院）

钟　丹（广东食品药品职业学院）

前　言

习近平总书记在二十大报告中强调，"推进健康中国建设。人民健康是民族昌盛和国家强盛的重要标志。把保障人民健康放在优先发展的战略位置"。食品、化妆品、药品、医疗器械、环境与人民健康息息相关。为保障食品、化妆品、药品、医疗器械、环境的安全，多种先进检测技术已广泛应用于质量安全检测。尽管有多种色谱分析仪器可以用于质量安全检测，但液相色谱仪、气相色谱仪、气相色谱－质谱联用仪、液相色谱－质谱联用仪仍为人们广泛应用的色谱分析仪器。

编者具有丰富的实验室建设和大型仪器管理经验，为解决四种分析仪器的管理和应用问题，总结近年来实验室建设、实验室管理、实验教学和课程改革建设的经验，编写了本书。本书主要包括六个部分：色谱分析仪器介绍、色谱分析仪器应用现状、液相色谱仪管理与应用、气相色谱仪管理与应用、气相色谱－质谱联用仪管理与应用、液相色谱－质谱联用仪管理与应用。

本书的特色如下。

（1）针对性：针对教师、学生、企业技术人员等群体。

（2）系统性：本书系统构建了实验室建设环境、设备清单、日常管理、维修与维护、应用等内容。读者可以了解和学习检测的全流程内容。

（3）实践性：本书是"岗课赛证"育人模式的实践，立足检测岗位技能，重塑课程体系，贴近食品检验员职业资格证书考试内容，与检测岗位工作内容高度重合。

本书由广东食品药品职业学院杨昭、王如意、何春兰和中国热带农业科学院农产品加工研究所潘晓威担任主编，中国热带农业科学院农产品加工研究所马会芳、刘元靖，广东食品药品职业学院梁敏华，中国热带农业科学院南亚热带作物研究所涂行浩担任副主编，广东食品药品职业学院梁瑞进、钟丹参与编写。

本书在编写过程中，在技术资料方面得到了广州仪联实验室设备有限公司、广州化兴科创仪器设备有限公司等企业的支持，在资料查找、文字校对方面得到了广东食品药品职业学院邓仙兰、周嘉靖、黄楚倩同学的帮助，在此一并致谢。同时，本书在编写过程中还参考了很多文献、资料，在此对其作者表示由衷的感谢。

　　由于编者水平有限，书中难免有不足之处，敬请读者批评指正。

目　录

1 色谱分析仪器介绍

1.1 色谱分析仪器的起源和发展

1906年，俄国植物化学家米哈伊·西蒙诺维奇·茨维特（Michael Semenovich Tswett）开创了色谱法。他将碳酸钙装入竖立的玻璃管，加入植物色素提取液，将石油醚倒入玻璃管，经过一段时间的洗脱，植物色素在碳酸钙柱中由一条色带分散为数条平行的色带，混合的植物色素被分离（图1-1）。1906年，茨维特在德文刊物上正式发表两篇有关液–固色谱法的学术论文，第一次使用了"chromatography"（来自希腊语，"chroma"是色彩的意思，"graphy"是记录的意思）一词来阐述色素分离的试验。自此，色谱法在化学成分的分离和检测中开始应用起来。

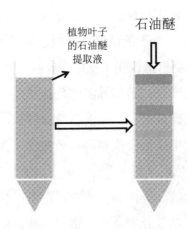

图1-1 植物色素分离示意图

20世纪20年代，大量的植物化学家开始采用色谱法对植物提取物进行分离，至此色谱法被广泛地应用起来。20世纪30至40年代，薄层色谱和纸色谱的相关论文发表。20 世纪 40 年代，瑞典科学家蒂塞利乌斯（Tiselius）等在分配液相色谱、吸附色谱和电泳领域取得相关成果。20 世纪 50 年代，英国科学家马丁（Martin）和辛格（Synge）建立了气相色谱法。20 世纪 60 年代，气相色谱 – 质谱联用分析已不能满足分析测试的需求。20 世纪 70 年代，高效液相色谱法快速发展起来，气相色谱法和高效液相色谱法广泛应用于各个分析领域。20 世纪 80 年代，出现了一种新型的色谱技术——毛细管电泳技术。20 世纪 90 年代中期，用于高效液相色谱的质谱检测器开始普及，使液相进入定性的时代。

近年来，随着科学技术的进步，色谱分析仪器逐渐向智能化和便捷化发展。发展趋势呈现以下特点：①仪器的灵敏度和选择性将进一步提高，许多新的超微量和超痕量的分析方法和技术将逐步建立；②在计算机技术和人工智能技术的影响下，智能化的仪器分析方法将逐渐成为常规分析的主要手段；③色谱分析仪器应用越来越广泛，逐渐在中小型企业中普及；④多种方法的联用，将进一步发挥各方法的效能，成为提高分析问题能力、解决复杂问题的能力的有效手段；⑤将在各种工业流程及特殊环境的自动监测或遥控检测中发挥重大作用。

1.2　色谱分析仪器的种类

依据不同的分类方法，色谱分析仪器可以分为多种类别。按照分离原理，可分为吸附色谱仪、分配色谱仪、离子色谱仪、凝胶色谱仪和生物亲和色谱仪五大类；按照分离目的，可分为实验室色谱仪和工业色谱仪两大类；按照流动相的物理状态，可分为气相色谱仪、液相色谱仪和超临界流体色谱仪三大类；按照固定相的物理状态，可分为气液色谱仪、气固色谱仪、液液色谱仪和液固色谱仪四大类；按照操作压力，可分为低压色谱仪、中压色谱仪和高压色谱仪三大类；按照仪器的功能，可分为分析型色谱仪和制备型色谱仪两大类。

不同的分类方法有不同的分类依据，通常可以根据色谱分析仪器实验室的功能和应用的场景，将色谱分析仪器分为液相色谱仪、液相色谱 – 质谱联用仪、气相色谱仪和气相色谱 – 质谱联用仪四大类（图 1-2）。

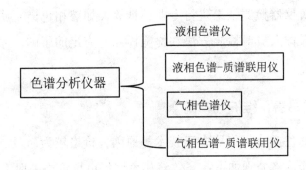

图1-2 色谱分析实验室常见仪器

1.3 色谱分析仪器的特点

仪器分析是多学科、多技术的交叉与综合应用学科。仪器分析的基本内容是研究物质的性质特征、数量特征与结构、组成的关系，研究仪器技术和测试技术，获得有关的信息，并通过分析这些信息进行定性和定量分析。仪器分析与化学分析相比，具有样品量少、分析速度快、灵敏度高和自动化程度高等特点。这些特点使仪器分析成为标准判定中的优选方法和可信度较高的方法。根据所利用和测量的物理参数的不同，仪器分析可以分为光学分析、电化学分析、色谱分析、质谱分析、热分析和自动化学分析。而液相色谱仪、气相色谱仪、气相色谱－质谱联用仪和液相色谱－质谱联用仪是进行色谱分析和质谱分析常用的分析仪器。

色谱分析仪器具有以下特点。

1.3.1 灵敏度高，检测准确性高

目前，液相色谱仪、液相色谱－质谱联用仪、气相色谱仪和气相色谱－质谱联用仪已广泛应用于食品、化妆品、药品等成分的检测中，作为检测中常用的仪器。液相色谱－质谱联用仪和气相色谱－质谱联用仪可用于痕量成分的准确检测。

1.3.2 使用难度大，需要专业技术人员操作

与常规化学分析相比，色谱分析仪器操作复杂，需要设置参数多，对操作者的专业要求较高。如果操作不当，会导致检测结果不准确或者仪器损坏。同时，通

常需要对色谱分析仪器检测结果进行专业的计算，如液相色谱 – 质谱联用仪的结果需要解谱，需要操作人员对检测方法和检测样品有充足的了解，才可能获得准确的结果。

1.3.3　价格昂贵，维护成本高

灵敏度较高的色谱分析仪器由于技术等原因，价格较为昂贵。目前，市场上主流的色谱分析仪器价格分别如下：高效液相色谱仪市场价格一般为 15 ～ 25 万 / 台，气相色谱仪市场价格一般为 20 ～ 25 万 / 台，气相色谱 – 质谱联用仪市场价格一般不低于 50 万 / 台，液相色谱 – 质谱联用仪市场价格一般不低于 80 万 / 台。同时，色谱分析仪器的日常维护成本也较高，如普通 C_{18} 液相色谱柱通常约为 3 000 元 / 根，而凝胶色谱柱约为 8 000 元 / 根，一般在进行大量实验的情况下，需要半年一换。为保证取得较好的分析结果，色谱分析仪器需要恒温、恒湿、无尘的环境，日常控温、控湿的成本较高。

2 色谱分析仪器应用现状

2.1 色谱分析仪器在食品安全领域的应用

民以食为天，食以安为先。习近平总书记在党的二十大报告中强调"人民健康是民族昌盛和国家强盛的重要标志"，要"强化食品药品安全监管"，这些重要论述为做好新时代食品安全工作指明了方向，提供了遵循。

食品安全是国家公共安全的重要组成。食品不安全不仅会危害人民群众身体健康，还会引发公众的心理恐慌与社会秩序混乱。

色谱分析仪器在食品安全领域有着广泛的应用，主要体现在以下几个方面。

2.1.1 添加剂成分检测

食品添加剂种类较多，是食品工业中必不可少的，但添加过量的添加剂不利于人体健康，使用添加剂需要符合《食品安全国家标准　食品添加剂使用标准》（GB 2760—2014）的要求。例如，高效液相色谱法可以测定苯甲酸、山梨酸、安赛蜜和糖精钠，气相色谱内标法可以对食品添加剂乙酸正丁酯进行定量测定。

2.1.2 功效成分检测

液相色谱法能够检测出食品中是否含有维生素，也能够对食品中的糖类、氨基酸等营养成分的含量进行测定。

2.1.3 农药、兽药残留检测

高效液相色谱法可用于检测动物性食品中的喹乙醇、磺胺甲嘧啶、磺胺二甲嘧啶、磺胺咪唑。气相色谱技术可用于氧乐果、敌敌畏、吡虫啉等农药成分的检测，捕捉农药残留成分，保障残留成分得到有效分析。

2.1.4 有害成分的检测

例如，液相色谱 – 质谱联用法常用于三聚氰胺的检测，该方法已被美国食品和药物管理局采用。超高效液相色谱 – 三重四极杆质谱法可用于检测油脂和油炸食品中 2– 氨基 –3– 甲基咪唑并 [4,5–f] 喹啉、2– 氨基 –3,4– 二甲基咪唑并 [4,5–f] 喹啉、2– 氨基 –3,8– 二甲基咪唑并 [4,5–f] 喹喔啉、2– 氨基 –3,4,8– 三甲基咪唑并 [4,5–f] 喹喔啉等杂环胺类物质。

2.2 色谱分析仪器在化妆品安全领域的应用

人体直接接触化妆品，化妆品质量直接影响人们的身体健康。我国已发展为全球第二大化妆品市场，随着化妆品市场的快速发展，部分不良商家超量添加限用物质或者非法添加某些有害禁用物质，以使产品具有某种特效，吸引更多消费者，致使消费者的身体健康受到威胁。例如，婴幼儿洗护产品含毒害物质甲醛、二噁烷，面膜类化妆品中添加糖皮质激素，祛痘类化妆品中添加抗生素，牙膏中含致癌物二甘醇，唇膏、唇彩中添加有害物质苏丹红等。

色谱分析仪器在化妆品安全领域有着广泛的应用，其应用主要体现在以下几个方面。

2.2.1 功效成分检测

高效液相色谱 – 荧光检测法可用于同时测定美白类化妆品中 α – 熊果苷、β – 熊果苷、脱氧熊果苷、氢醌美白成分。香豆素类化合物的检测方法主要有高效液相色谱法、液相色谱 – 串联质谱法、气相色谱法、气相色谱 – 质谱联用法等。《化妆品安全技术规范（2015 年版）》中香豆素的检验方法为高效液相色谱法。

2.2.2 禁用成分检测

不法商家为了达到立竿见影的美白效果，往往会在配方中添加荧光增白剂，然而人体长期接触含有荧光增白剂的物质，轻则导致肌肤排异、引起过敏性皮炎，重则致突变、致癌。液相色谱－质谱联用法可用于美白类化妆品中荧光增白剂的检测。性激素因具有丰乳、美白、治疗粉刺、祛除皱纹、增加皮肤弹性等作用，常被非法添加至化妆品中，但长期使用该类非法添加性激素的化妆品会导致皮肤变薄、变敏感、色素沉积和内分泌紊乱等一系列问题。液相色谱－质谱联用法可用于性激素检验。

2.2.3 危害成分检测

采用天然植物提取物制成的化妆品得到了越来越多消费者的关注，然而植物提取物不可避免地使化妆品中含有植物中所含的残留农药。残留农药长期直接接触皮肤并在体内富集，将会对人体健康产生危害。国家标准《含植物提取物类化妆品中55种禁用农药残留量的测定》（GB/T 39665—2020）中规定了含植物提取物类化妆品中55种农药残留量检测方法，其中检测甲萘威等20种农药残留的方法为液相色谱－质谱联用法，检测甲草胺等35种农药残留量的方法为气相色谱－质谱联用法。双酚类和烷基类化合物是生产环氧树脂和聚碳酸酯塑料的重要原料，已被广泛应用于化妆品产品包装材料中。这两类化合物具有易蓄积和不易降解的特性，有一定的基因毒性、内分泌干扰效应和生殖发育毒性等毒副作用。《化妆品中污染物双酚A的测定　高效液相色谱－串联质谱法》（GB/T 30939—2014）中规定了化妆品双酚A的液相色谱－质谱联用检验方法。

2.3　色谱分析仪器在药品安全领域的应用

习近平总书记在党的二十大报告上对药品安全工作作出了全面规划、全面部署和系统指导，将药品安全放到坚决维护国家安全和社会稳定的高度谋划，同时多次对药品监管工作作出重要指示批示，强调药品安全责任重于泰山，要落实"四个最严"要求，严把从实验室到医院的每一道防线。随着社会的发展和进步，人民群众对健康的需求不断增加，新技术、新产品层出不穷，监管面临的形势和任务日趋复杂和艰巨。

色谱分析仪器在药品安全领域有着广泛的应用，其应用主要体现在以下几个方面。

2.3.1 药物有效成分和含量检测

每种药品上市前，均需要进行严格检测，对其有效成分含量密切监测，在有效成分符合相关标准后，才可上市销售。高效液相色谱法能够对药品组成成分有效准确判别，如多潘立酮片有效成分多潘立酮的检测，使用高效液相色谱法可使检验结果准确、可靠。高效液相色谱法可同时测定紫草油中左旋紫草素、欧前胡素、异欧前胡素和绿原酸含量。

2.3.2 药品中杂质的检测

药品中的杂质为无任何疗效且可能造成副作用的物质。因此，必须严格控制杂质水平，以确保药品的安全性达到人体用药的要求。原料药的杂质主要分为有机杂质、无机杂质和残留溶剂三个类别。气相色谱电子捕获法可用于测定药品中氯代乙烷类毒性杂质。气相色谱法可以对洛索洛芬钠中甲苯、丙酮、甲醇等有机溶剂残留量进行检测。

2.3.3 非添加化学成分检验

随着市场竞争日益激烈，往药品中非法添加化学成分已经成为药品制假的一种方法。高效液相色谱法在药品非化学成分检验过程中具有一定效果。气相色谱 - 质谱联用法可快速完成对各种安神类药品中非法添加巴比妥等镇静催眠类药物化学成分的检测。

2.4 色谱分析仪器在中药安全领域的应用

中药是中华民族与世界文化交流的重要遗产。作为我国独特的卫生资源、优秀的文化资源和重要的生态资源，中药在经济社会发展中发挥着重要作用。随着我国人口老龄化进程加快和健康服务业蓬勃发展，人民群众对中医药服务的需求越来越旺盛。安全性是药品的第一大属性。由于中药本身的复杂性、特殊性以及中西药联用日益普遍，人们对中药安全性有了更高的要求。

色谱分析仪器在中药安全领域的应用主要体现在以下几个方面。

2.4.1　中药有效成分检测

中药常含多种不同类型的化学成分，如黄酮类、甾体皂苷类、萜类等，给质量分析带来很大挑战。2020 年版《中华人民共和国药典》（简称"《中国药典》"）是我国药品法典，其中包括中药专册，对保证药品质量起着重要作用。液相色谱法是中药定量分析中最常用的方法。对《中国药典》中收载的 73 种中药含量测定方法进行统计发现，高效液相色谱法测定含量的品种数为 60 个，使用频率远高于气相色谱法等方法。高效液相色谱法可对人参、黄芪、牛膝等中药中的有效成分进行检测，保证药品质量。

2.4.2　中药农药残留检测

中药材多种植在山地林区，虫害较多，药农不得不使用农药保证中药的产量，可能会造成中药中农药残留超标。《中国药典》明确规定了对植物类药材进行 33 种禁用农药残留量检测。我国药典对中药中农药残留的检测方法为气相色谱法和气相色谱 – 串联质谱法。由于不同中药的基质比较复杂，易对目标组分造成干扰，采用气相色谱法容易导致假阳性的误判。气相色谱 – 串联质谱法和液相色谱 – 串联质谱法由于分离性能高、抗干扰能力强和灵敏度高，已成为广泛应用的检测中药中农药残留的方法。

2.4.3　中药炮制工艺监测

药材经过炮制后使用是中医临床用药特色。药材加工、炮制工艺可使中药成分变化，影响药品质量与疗效，炮制是中药品质传递过程的关键控制环节之一。色谱分析仪器可用于监测炮制工艺中药材质量的变化，如高效液相色谱法可用于监测黄芪浸润过程中成分发生的变化。

2.5　色谱分析仪器在医疗器械安全领域的应用

医疗器械在医疗领域中的地位和作用越来越突出，已成为推动医疗技术和医学发展的关键支撑技术。医疗器械技术性能和状态参数在临床使用过程中的任何失准与偏离，都可能在不同程度上影响医疗质量，可能造成人员伤害甚至死亡。因此，保障医疗器械安全尤为重要。

色谱分析仪器在医疗器械安全领域的应用主要体现在以下几个方面。

2.5.1　医疗器械产品中有害物质成分检测

双酚 A 是世界上使用最广泛的工业化合物之一。但越来越多的研究证明，双酚 A 可能会造成内分泌失调、癌症和新陈代谢紊乱。双酚 A 广泛应用于高分子无源医疗器械产品中，与血液发生接触。高效液相色谱法可以用于静脉留置针中双酚 A 残留量的检测，也可用于进出口医疗器械中二苯甲烷二异氰酸酯溶出量的检测。N- 亚硝胺类化合物属于强致癌有机化合物，国家药品监督管理局药品审评中心在其 2018 年发布的《化学药品与弹性体密封件相容性研究技术指导原则（试行）》中，明确要求密封件中不得检出亚硝胺、亚硝基类物质。气相色谱 - 串联质谱可对医用橡胶弹性体中的亚硝胺类物质进行准确定量。气相色谱法可用于聚乳酸类医疗器械产品中甲苯残留量的检测，也可以对一次性使用输液（血）器中环己酮的残留量进行检测。

2.5.2　医疗器械消毒物质残留检测

环氧乙烷是一种广谱灭菌剂，穿透性强，可穿透微孔进入产品深层，从而大大提高灭菌效果，所以目前医疗器械广泛采用环氧乙烷进行灭菌。然而，它又是一种刺激身体表面并能引起强烈反应的有毒气体，其沸点为 10.8 ℃，在室温条件下很容易挥发成气体，进入人体，对胎儿有致畸作用，对睾丸有副作用，损伤体内器官，所以对其残留量必须严加控制。顶空气相色谱法可以测定血浆分离杯中环氧乙烷的残留量。

2.5.3　医疗器械产品成分检测

胶原蛋白被广泛应用于各种医疗器械产品的研发和产品制备中。胶原蛋白类材料具有不同的特性，如分子量、纯度、种属、型别差异、三螺旋结构、细胞黏附特性等，这些性能直接关系着胶原蛋白的质量和使用性能。液相色谱 - 质谱法可用于胶原蛋白特征多肽的定量测定，间接反映胶原蛋白的含量，也可用于种属来源和型别的鉴别。

2.6 色谱分析仪器在环境分析领域的应用

地球是人类赖以生存的唯一家园，保护生态环境是全球面临的共同挑战。近年来，气候变化、生物多样性丧失、荒漠化加剧、极端气候事件频发，给人类生存和发展带来严峻挑战。因此，要持续深入打好蓝天、碧水、净土保卫战；统筹水资源、水环境、水生态治理，推动重要江河湖库生态保护治理，基本消除城市黑臭水体；强化陆海统筹，保护海洋生态环境；加强土壤污染源头防控，开展新污染物治理。

色谱分析仪器在环境分析领域的应用主要体现在以下几个方面。

2.6.1 大气生态环境监测

气相色谱法在大气污染监测中得到广泛应用，主要用于大气中有机污染物、有毒物质、热不稳定化合物、硫污染物、汽车废气光化学产物等污染物的检测。气相色谱 – 质谱联用法也广泛应用于大气挥发性有机物的检测中。

2.6.2 水体生态环境监测

水质中苯氧羧酸类除草剂可以用液相色谱 – 串联质谱法检测。高效液相色谱 – 串联三重四级杆质谱法可用于水中磺胺类、四环素类、大环内酯类、氯霉素类、β – 内酰胺类等 7 大类 37 种抗生素的分析。高效液相色谱技术可对江河湖水、地下水及饮用水中的多环芳烃化合物含量进行测定。水质中的 9 种烷基酚类化合物和双酚 A 的测定可以采用固相萃取 / 高效液相色谱法。

2.6.3 土壤生态环境监测

土壤中磺胺类、氟喹诺酮类、四环素类、大环内酯类、β – 内酰胺类、酰胺醇类和林可酰胺类等 7 类抗生素可用固相萃取 – 超高效液相色谱 – 串联质谱法测定。土壤和沉积物中的苯胺类和联苯胺类化合物可以采用液相色谱 – 三重四级杆质谱法测定，方法检出限为 2 ～ 4 μg/kg。土壤环境中存在的苯胺化合物也可以采用气相色谱法快速检测。

3 液相色谱仪管理与应用

色谱法的分离原理是溶于流动相中的各组分经过固定相时，由于与固定相发生作用（吸附、分配、离子吸引、排阻、亲和）的大小不同，在固定相中滞留时间不同，从而先后从固定相中流出。高效液相色谱法主要对热稳定性差、沸点高且分子量大的有机物进行检测。高压液相色谱系统一般由输液泵、进样器、色谱柱、检测器、数据记录及处理装置等组成，其中输液泵、色谱柱、检测器是关键部件。有的仪器还有梯度洗脱装置、在线脱气机、自动进样器、预柱或保护柱、柱温控制器等，现代高效液相色谱仪还有微机控制系统，进行自动化仪器控制和数据处理。制备型高效液相色谱仪还备有自动馏分收集装置。

高压液相色谱有以下特点：①高压，压力可达 $150 \sim 300$ kg/cm²；色谱柱每米降压大于 75 kg/cm²；②高速，流速为 $0.1 \sim 10.0$ mL/min；③高效，可达 5 000 塔板/米，在一根柱中同时分离成分可达 100 种；④高灵敏度，紫外检测器灵敏度可达 0.01 ng；⑤消耗样品少，通常进样量为 $5 \sim 10$ μL。在实际应用中，高效液相色谱仪检测范围更广，目前 70% 左右的有机物可通过高效液相色谱法进行检测。

3.1 液相色谱实验室环境要求

高效液相色谱仪属于精密分析仪器，对环境温度、湿度、压力和电流都有相应的要求。《高效液相色谱仪》（GB/T 26792—2019）规定，高效液相色谱仪正常工作条件如下。

（1）环境温度：$5 \sim 35$ ℃。

（2）相对湿度：20%～80%。

（3）大气压力：75～106 kPa。

（4）供电电源：交流电压（220±22）V，频率（50±0.5）Hz。

（5）接地电阻≤4 Ω。

（6）室内应避免易燃、易爆和强腐蚀性气体及强烈的震动、电磁干扰和空气对流等。

（7）室内应有良好通风。

教学类液相色谱实验室主要包括前处理实验室和上机实验室。以30人教学班级为例，教学类液相色谱实验室前处理操作实验室设备包含操作台、通风橱、样品柜、试剂柜、耗材柜、通风装置、废弃物存放处、讲台、投影仪、空调等，其布局如图3-1所示。教学类液相色谱实验室上机实验室设备包含空调、通风装置、样品柜、试剂柜、耗材柜、操作台、讲台、投影仪、高效液相色谱仪等，其布局如图3-2所示。

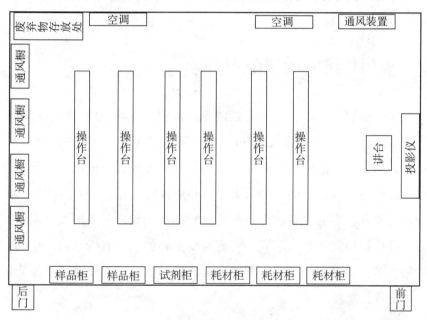

图 3-1　教学类液相色谱实验室前处理操作实验室布局图

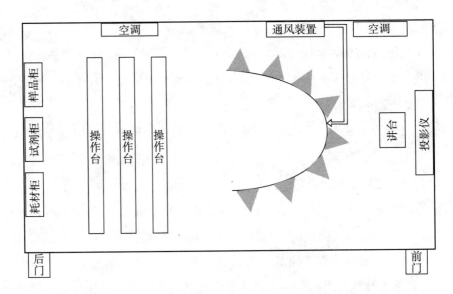

图 3-2　教学类液相色谱实验室上机实验室布局图

3.2　液相色谱实验室配置要求

液相色谱实验室主要设备包含高效液相色谱仪、电脑、投影仪、空调、分析天平、超声波清洗器、固相萃取装置、恒温恒湿箱、UPS 电源、万向排烟罩、通风橱、离心机、旋转蒸发仪、冰箱、移液器、流动相过滤装置和石墨消解仪等（表 3-1）。其中，高效液相色谱仪、电脑、分析天平、超声波清洗器、万向排烟罩、流动相过滤装置为液相检测必需的设备。设备的数量依据使用频率和使用人数而定，通常至少准备 2 套。依据检测项目的不同，所需设备的种类也会有所不同。例如，部分样品难以消解，若想提升消解速率，则需要微波消解仪。若需要使用蒸发光散射检测器，则需要配备氮气装置。

表3-1　液相色谱实验室主要设备一览表

序　号	仪器名称	功　能
1	高效液相色谱仪	检测
2	电脑	控制仪器和数据计算
3	投影仪	教学展示

序 号	仪器名称	功 能
4	空调	控温控湿
5	分析天平	样品称量
6	超声波清洗器	流动相和样品超声脱气
7	固相萃取装置	样品前处理
8	恒温恒湿箱	样品前处理
9	UPS 电源	保证高效液相色谱仪电源稳定
10	万向排烟罩	通风装置
11	通风橱	样品前处理，通风
12	离心机	样品前处理
13	旋转蒸发仪	样品前处理
14	冰箱	样品存放
15	移液器	样品移取
16	流动相过滤装置	流动相和样品过滤
17	石墨消解仪	样品消化前处理

市场上部分液相色谱仪型号和性能指标如表3-2所示，大部分液相色谱仪能够满足日常检测需求，但不同的仪器在使用便捷性、检测精密度、购买和维护成本等方面有所不同。随着液相色谱仪使用需求的持续扩大，精密分析仪器国产化研发技术逐渐增强，国产高效液相色谱仪在购买和维护成本方面有更大的优势，生产企业更倾向于购买国产高效液相色谱仪。

表3-2 市场上部分液相色谱仪型号和性能指标

液相色谱仪型号	主要性能指标
依利特 P230 Ⅱ	流量范围 0.001～9.999 mL/min；流量准确度 ≤ ±0.3%；流量稳定性 RSD ≤ 0.1%；最高工作压力 42.0 MPa；显示压力误差 ≤ ±3% 或 0.5 MPa 以内；梯度模式二至三元高压梯度，二至四元低压梯度；梯度混合范围 0.0～100.0%；梯度准确度 ≤ ±1.0%，梯度精确度 ≤ ±0.1%；响应时间 0.0～4.9 s；线性范围 1.8 AU（5%）；基线噪声 ≤ ±1.0×10⁻⁵ AU；基线漂移 ≤ 2.0×10⁻⁴ AU/h；最小检测浓度 4.0×10⁻⁹ g/mL

液相色谱仪型号	主要性能指标
岛津 LC-16	流量设定范围 0.001 ～ 10.000 mL/min；最大排液压力 40.0 MPa；流量准确度 ±1%（水，1 mL/min，8 MPa）；流动相数量在高压梯度时最多 3 种溶液；混合浓度精密度为在 0.1% RSD 以内，流速为 0.2 和 1 mL/min；安全措施为漏液传感器，高压、低压限制；耐压 ±0.1 MPa；耐压不低于 35 MPa；进样量设定范围为 0.1 ～ 100 μL；噪声水平 ±0.25 × 10⁻⁵ AU；基线漂移 ±0.5 × 10⁻⁴ AU/h；线性 2 AU（ASTM 规格）
伍丰 LC-100PLUS	流量范围 0.001 ～ 9.999 mL/min；流量精度 RSD ≤ 0.06%；压力脉动 ≤ 0.1 MPa；工作压力 ≤ 42 MPa
日立 Primaide	采集频率 50 ～ 3 200 ms；波长范围 UV 190 ～ 600 nm，DAD 190 ～ 900 nm；温控范围 5 ～ 65 ℃（室温 20 ℃）；进样范围 0.1 ～ 50 uL（0.1 mL 注射器）；最大耐压 40 MPa；流速范围 0 ～ 9.999 mL/min
福立 LC5090	检测器采集频率 50 Hz；泵的类型二元高压、四元低压、等度；柱温箱温控范围 5 ～ 80 ℃；进样范围 1 ～ 250 μL；流速范围 0.001 ～ 10.000 mL/min；检测器波长范围 190 ～ 700 nm；最大耐压 42 MPa
沃特世 nano Acquity	最大操作压力 15 000 psi（1 mL/min）；溶剂输送精度 0.075% RSD 或 0.02 min SD；流速范围 0.010 ～ 2.000 mL/min，增量 0.001 mL/min；进样范围 0.5 ～ 50 μL；进样精度 <0.3% RSD；进样线性 >0.999；样品室温度控制在 4 ～ 40 ℃

液相色谱仪可以配置不同的检测器，使其具有广泛的检测能力。如表 3-3 所示为液相色谱仪检测器的主要种类及功能。液相色谱仪检测器主要分为紫外检测器、二极管阵列检测器、荧光检测器、示差折光检测器、电导检测器和蒸发光散射检测器，紫外检测器是常用的液相色谱仪检测器。

表3-3 液相色谱仪检测器主要种类及功能表

检测器名称	检测原理	适用样品	检测优缺点
紫外检测器	基于被分析组分对特定波长紫外光的选择性吸收	只适用于测定有紫外吸收的物质	优点：灵敏度高；对温度和流速不敏感；可用于梯度洗脱
二极管阵列检测器	紫外检测器的升级版，能进行全波长的扫描，具有一定的定性作用	只适用于测定有紫外吸收的物质	优点：可以采集三维谱图；灵敏度高；噪声低；对流速和温度的波动不灵敏；可得任意波长的色谱图

检测器名称	检测原理	适用样品	检测优缺点
荧光检测器	基于被分析组分发射的荧光强度进行检测	只适用于测定可产生荧光的物质，如多环芳烃、霉菌毒素等	优点：灵敏度高，是最灵敏的检测器之一；选择性好；对温度和流速不敏感，可用于梯度洗脱
示差折光检测器	连续测定流通池中溶液折射率来测定试样中各组分浓度	适用于所有样品	优点：通用型检测器，基本适用于所有样品 缺点：对温度变化敏感；对溶剂组成变化敏感，不能用于梯度检测；属于中等灵敏度的检测器
电导检测器	根据物质在某些介质中电离后所产生的电导率的变化来测定电离物质含量，广泛应用于离子色谱法	用于离子色谱，主要检测无机离子和有机离子	优点：对流动相流速和压力的改变不敏感，可用于梯度洗脱 缺点：对温度变化敏感
蒸发光散射检测器	流出物在检测器中被高速氮气喷成雾状液滴，溶剂挥发后，溶质形成微小颗粒，被载气带到检测系统，进入散射室，检验散射光的强度	任何挥发性低于流动相的样品均能被检测	优点：消除了溶剂干扰以及温度变化带来的基线漂移，可用于梯度洗脱，灵敏度高，是通用型检测器 缺点：不能使用不挥发性盐作流动相，需要使用氮气

3.3　液相色谱实验室日常管理要求

典型的高效液相色谱仪主要由溶剂系统、脱气系统、输液泵系统、进样器、色谱柱、检测器和数据系统组成。其中，色谱柱和检测器是液相色谱仪重要且易损坏部件，在日常使用和管理过程中需要特别关注。

色谱柱是液相色谱系统的核心部件。色谱柱的正确使用和维护管理十分重要，使用和维护不当将导致色谱柱柱效降低，缩短色谱柱的使用寿命，甚至损坏液相色谱仪。

色谱柱的日常管理要点如下。

（1）对实验室内所有的色谱柱应按详细类型统一管理。建立色谱柱档案信息库，信息库中需要收录的色谱柱信息应包括购置日期、色谱柱品牌、型号、填料、粒径、尺寸、耐受酸碱度范围、耐受温度范围、耐受压力范围、适用对象、保存方法以及注意事项等，同时保存色谱柱包装内的说明书。

（2）建立每根色谱柱的使用档案，严格记录色谱柱的使用情况，需要记录的内容包括使用日期、使用者、流动相、样品信息、运行压力、运行时间以及是否出现特殊问题等。

（3）要求色谱柱使用者如实并及时登记使用情况，以便追溯并掌握色谱柱状态，便于管理。

（4）每次使用色谱柱后需按照说明书的要求冲洗色谱柱，尤其是使用含有酸或盐成分的流动相时更需充分冲洗，最后将色谱柱保存在相应的溶液中。卸下色谱柱后将两端用堵头拧好，放置在色谱柱包装盒中，避免柱填料干裂或被污染。

（5）设置色谱柱专用橱柜（储存环境避光、干燥，保持低温或室温）或储存在专用冰箱 4 ℃冷藏室，按色谱柱类别分组放置，将色谱柱包装盒中标注信息的一端朝外。轻拿轻放，避免碰撞震动。

检测器是高效液相色谱仪的重要组成部分。灯是检测器的核心部件，一般可以持续使用 12 个月或 1 000 h 以上。液相色谱仪不使用时（2 h）应及时关闭灯，以延长灯的使用寿命。如果灵敏度降低，建议更换灯，灯老化通常会导致基线噪声升高。检测器在采集数据前，至少需要打开灯预热 15 min，设置波长和检测器响应时间需要 0.1 ～ 0.5 s。

液相色谱实验室日常管理通常需要关注使用环境、仪器使用频率，强化日常管理对于保障实验室的使用效率和使用安全有重要的作用。表 3-4、表 3-5、表 3-6、表 3-7 分别为液相色谱实验室使用记录表、液相色谱实验室例行检查清单、液相色谱实验室专项检查记录表、液相色谱实验室使用统计表，这些表格为实验室日常精准管理提供了参考。表 3-8 液相色谱实验室维修记录表则对液相色谱仪的维护提供了参考。

表3-4 液相色谱实验室使用记录表

序　号	实验室名称	仪器型号和名称	样品名称	流动相	使用时间	使用人

表3-5　液相色谱实验室例行检查清单

序　号	检查事项	检查结果打"√"	备　注
1	教学签到表是否填写		
2	教学实训工作日志是否填写		
3	实训室使用登记表是否填写		
4	地面、桌面、水池等是否干净		
5	灯是否全部关闭		
6	窗户是否全部关闭		
7	门是否关闭（前后门）		
8	液相色谱仪是否干净无尘		
9	空调是否关闭		
10	电源总闸是否关闭		
11	实验室桌面是否整洁		

表3-6　液相色谱实验室专项检查记录表

序　号	实验室名称	仪器型号和名称	卫生情况	仪器是否有异常状况	使用时间	使用记录表是否填写完整	检查时间	检查人

表3-7　液相色谱实验室使用统计表

序　号	实验室名称	仪器型号和名称	使用机时	培训人数	测样数	教学实验项目数	科研项目数	社会服务项目数	责任人

表3-8　液相色谱实验室维修记录表

序　号	实验室名称	仪器型号和名称	故障原因	故障发生时间	简要维修过程	维修时间	维修人

3.4　液相色谱仪常见故障分析及解决方案

液相色谱仪在使用过程中，由于样品前处理方式不正确、流动相选择或配比不正确、仪器配件使用寿命到期等，可能会出现各种常见的故障。如表3-9所示为液相色谱常见故障及解决方案，可为操作人员自行解决部分问题提供参考。

表3-9　液相色谱常见故障及解决方案

序号	常见故障	原因分析	解决方案
1	柱压升高	应卸下入口接头的滤片，通常是因为色谱柱入口接头的U滤片被流动相或样品中颗粒堵住。样品组分在滤片上沉淀，堵住滤片	使用1∶1的硝酸溶液超声清洗5 min，再用水、甲醇清洗，除去水分。样品及流动相使用0.45 μm滤膜除去微量杂质。使用流动相做溶剂，配制样品
2	旧色谱柱柱效低，分离不好，有时出现双峰	入口填料被污染变质所致	应用强溶剂冲洗。刮除被污染的床层，用同型的填料填补柱效可部分恢复。污染严重，则废弃或重新填装
3	使用一段时间后，柱效下降，分离不好	两个原因，一是柱填料被流动相解而流失；二是柱填料被样品杂质污染	应通过推荐使用预柱。如柱床层塌陷，用相同型号填料填补或推荐使用保护柱或用强溶剂冲洗色谱柱除去污染杂质
4	进样量增大与峰面积增加不成正比，即进样量与峰面积不是线性关系	通常是因为样品在流动相中的溶解度小，只有部分样品被流动相冲入色谱柱中，而另一部分则沉积在柱入口端	解决办法用流动相溶解样品；样品的浓度不宜太大；进样量不宜过大

序号	常见故障	原因分析	解决方案
5	使用缓冲液作流动相时，柱压降升高很快	霉菌生长所致	应在流动相中加入有毒物质或加叠氮化钠防止霉菌生长，并在实验结束后先用纯水，后用甲醇各冲洗（20～30）min后关机
6	新柱柱效低	通常是因为柱外死体积大，样品在流动相中溶解不好，影响传质过程	应更换连接管，重新连接色谱柱，降低死体积。使用合适的流动相或使用流动相溶解样品
7	管线污染出现阻塞状况	流动相运用了缓冲盐替换流动相不恰当之时，经常会让检测仪器管路中出现沉淀现象	可以先运用五倍柱体积的非缓冲液逆向流动相冲洗体系，接着运用十倍柱体积的强溶剂（如乙腈）来流通，再运用五十倍柱体积的异丙醇进行冲洗，最终替换上逆向流动来进行平衡
8	当检测仪器管线出现堵塞现象时	通常展现成柱内的压力上升。这个时候可以切断柱子，直接连接检测仪器。假如泵内压力依然很高，可以判定压力上升是因为检测仪器管线堵塞导致	对调检测仪器进出口，运用 6 mol/L 硝酸溶液来反复冲洗检测仪器，这样才可以快速把阻塞冲开，但是要重视运用低流速进行冲洗，同时观察压力的变化状况
9	体系压力太低或者无压力	1. 高压泵中的黑色 Purge 阀门出现松动现象 2. 体系的漏液 3. 泵密封圈会出现磨损状况 4. 体系中出现气泡现象	1. 可以通过手动操作拧紧黑色 Purge 阀门 2. 将泵和柱温箱等模块打开，并查询是否出现漏液现象 3. 认真依据相应的仪器参数来替换密封圈 4. 打开黑色 Purge 阀门，运用大流速通常是 3～5 min 来排出气泡，并且全部流动相在运用之前要先超声脱气操作
10	色谱响应方面没有出峰	1. 样品太少，造成进样针没有吸入，就不能出现相应的反应 2. 样品放置的时间太长，造成降解 3. 主动进样器出现故障 4. 检测仪器参数设定出现失误	1. 样品太少时要增添样品数量，重新引进样品 2. 核查样品配制时间，重新展开前处理运作，第一时间进样 3. 主动进样器出现故障时，要排查进样器状况 4. 参数设定出现失误，要重新设定正确的检测仪器的参数

序号	常见故障	原因分析	解决方案
11	出现肩峰或分叉	1. 样品体积过大 2. 样品溶剂过强 3. 柱塌陷或形成短路通道 4. 柱内烧结不锈钢失效 5. 进样器损坏	1. 样品体积过大时，用流动相配样，总的样品体积小于第一峰的 15% 2. 样品溶剂过强时，采用较弱的样品溶剂 3. 柱塌陷或形成短路通道时，更换色谱柱，采用较弱腐蚀性条件 4. 柱内烧结不锈钢失效时，更换烧结不锈钢，加在线过滤器，过滤样品 5. 进样器损坏时，更换进样器转子
12	鬼峰	1. 进样阀残余峰 2. 样品中未知物 3. 柱未平衡 4. 三氟乙酸（TFA）氧化（肽谱） 5. 水污染（反相）	1. 每次用后用强溶剂清洗阀，改进阀和样品的清洗 2. 处理样品 3. 重新平衡柱，用流动相做样品溶剂 4. 每天新配，用抗氧化剂 5. 通过变化平衡时间检查水质量，用 HPLC 级的水
13	基线噪声	1. 气泡（尖锐峰） 2. 污染（随机噪声） 3. 检测器灯连续噪声 4. 电干扰（偶然噪声） 5. 检测器中有气泡	1. 流动相脱气，加柱后背压 2. 清洗柱，净化样品，用 HPLC 级试剂 3. 更换氘灯 4. 采用稳压电源，检查干扰的来源（如水浴等） 5. 流动相脱气，加柱后背压

3.5　典型液相色谱仪应用实验项目

3.5.1　液相色谱仪使用简要流程

（1）过滤流动相。

（2）流动相进行超声脱气 10 ~ 20 min。

（3）打开液相色谱仪工作站（包括计算机软件和液相色谱仪），连接检测系统。

（4）进入液相色谱仪控制界面主菜单。

（5）有一段时间没用，或者换了新的流动相，需要先冲洗泵和进样阀。

（6）调节流量。

（7）设计方法。

（8）进样和进样后操作。

（9）关机时，先关计算机，再关液相色谱仪。

（10）填写仪器使用登记本。

3.5.2　液相色谱仪在食品安全领域的应用实验项目

1）坚果及坚果制品中抑芽丹残留量的测定

抑芽丹又称马来酰肼、青鲜素等，化学名称为顺丁烯二酰肼，是一种植物生长调节剂，对植物的生长发芽有抑制作用，常用于抑制马铃薯等在贮藏期发芽以及烟草腋芽的生长。随着各国对抑芽丹残留限量要求的提高，对其残留检测分析方法的要求也越来越高，《食品安全国家标准食品中农药最大残留限量》（GB 2763—2021）规定抑芽丹在马铃薯中的最大限量为 50 mg/kg，在洋葱、大蒜、葱中的最大限量为 15 mg/kg。

（1）检测原理。试样用正己烷脱脂，用甲醇提取，经 C_{18} 柱净化，高效液相色谱 – 紫外检测器测定，外标法定量。

（2）仪器和设备。

①高效液相色谱仪：配紫外或二极管阵列检测器。

②电子天平：感量 0.01 g 和 0.000 1 g。

③旋转蒸发仪。

④均质机：转速不低于 10 000 r/min。

⑤离心机：转速不低于 6 000 r/min。

⑥涡旋混合器。

⑦样品粉碎机。

⑧筛子：2.0 mm 圆孔筛。

⑨分样板。

（3）试剂与耗材。

①试剂。

a. 甲醇（CH_3OH）：色谱纯。

b. 正己烷（C_6H_{14}）：色谱纯。

c. 乙酸铵（CH$_3$COONH$_4$）。

d. 氢氧化钠（NaOH）。

②耗材：C$_{18}$ 固相萃取柱（3 mL，500 mg）或性能相当者。依次用 4 mL 甲醇和 4 mL 氢氧化钠溶液活化后备用。

（4）试剂配制。

①乙酸铵溶液（0.02 mol/L）：称取 1.54 g 乙酸铵，加水定容至 1 000 mL，摇匀备用。

②氢氧化钠溶液（0.01 mol/L）：称取 0.40 g 氢氧化钠，加水定容至 1 000 mL，摇匀备用。

（5）试样配制与保存。

①试样制备。将原始样品的可食部分缩分出约 500 g，用样品粉碎机粉碎成可通过 20 mm 圆孔筛的颗粒。充分混匀，均分成两份，装入洁净的容器内，密封并标明标记。在试样制备过程中，应防止样品受到污染或残留物的含量发生变化。

②试样保存。将试样于 –5 ℃以下避光保存。

（6）标准品及标准溶液制备。

①抑芽丹标准物质：C$_4$H$_4$N$_2$O$_2$，CAS 号为 123–33–1，纯度 ≥ 99.9 %。

②标准溶液配制。

a. 抑芽丹标准储备溶液：准确称取适量抑芽丹标准物质，用氢氧化钠溶液配制成 1 mg/mL 的标准储备溶液。

b. 抑芽丹标准工作溶液：根据检测要求，分别吸取上述标准储备溶液，置于容量瓶中，用氢氧化钠溶液稀释到刻度，配制成适当质量浓度的标准工作溶液。标准工作溶液于 0 ～ 4 ℃避光保存，保存期为 1 个月。

（7）分析步骤。

①去脂肪。称取 2.5 g 试样（精确至 0.01 g），置于 50 mL 离心管中，加 5 mL 水，涡旋混匀后浸泡 30 min，加 20 mL 正己烷均质 1 min，以 6 000 r/min 的转速离心 5 min，弃去正己烷层；加 20 mL 正己烷按上述步骤重新脱脂一次，弃去正己烷层。

②提取。向离心管中加 20 mL 甲醇，均质 1 min，以 6 000 r/min 的转速离心 5 min，将甲醇层小心取出，过滤到 100 mL 鸡心瓶中；残留物用 20 mL 甲醇重复提取一次，合并提取液于同一鸡心瓶中，40 ℃旋转蒸发至约 8 mL，用氮气吹至约 2 mL，加 3 mL 氢氧化钠溶液混匀待净化。

③净化。将上述混匀的溶液全部过 C_{18} 小柱，用 4 mL 氢氧化钠溶液洗脱并定容至 10 mL，供高效液相色谱测定。

④测定。

a. 高效液相色谱参考条件：波长 330 nm；色谱柱硅胶柱（3.5 μm，4.6 mm×150 mm）或性能相当者；柱温 40 ℃；流动相乙酸铵溶液；流动相流速 0.60 mL/min；进样量 20 μL。

b. 色谱测定。根据样液中抑芽丹含量情况，选定峰面积相近的标准工作溶液，对标准工作溶液和试样溶液等体积参插进样，测定标准工作溶液和样液中抑芽丹的响应值均应在仪器检测的线性范围内。在上述色谱条件下，抑芽丹保留时间约为 3.10 min。

⑤空白实验。除不加试样外，均按上述测定步骤进行。

（8）结果计算和表述。用色谱数据处理机或按下式计算试样中抑芽丹的含量。

$$X = \frac{(A_i \times C_{si} \times V)}{(A_{si} \times m)}$$

式中：X——试样中抑芽丹残留含量（mg/kg）；

A_i——样液中抑芽丹的峰面积；

A_{Si}——抑芽丹标准工作溶液的峰面积；

V——样液最终定容体积（mL）；

C_{si}——抑芽丹标准工作溶液的浓度（μg/mL）；

m——最终样液所代表的试样量（g）。

要注意的是，计算结果应扣除空白值，测定结果用平行测定的算术平均值表示，保留两位有效数字。

2）水果、蔬菜中噻菌灵残留量的测定

噻菌灵是一种高效、广谱，广泛用于水果、蔬菜防治真菌性病害的苯并咪唑类杀菌剂。噻菌灵既可用于多种作物的真菌病害防治，也可用于果蔬的防腐保鲜，还可用于工业防霉剂及人、畜肠道的驱虫药剂，在农药、医药及工业领域有重要应用。噻菌灵经常在水果和蔬菜采摘后入冷藏前喷洒，防止蔬菜水果因长时间存放和运输而产生霉变，以配送反季节的蔬菜水果。噻菌灵在自然状态下降解缓慢，具有较低的急性皮肤毒性，若在生产中过度使用，容易引起残留量超标，长期食入可能会引发免疫系统紊乱，严重威胁消费者健康。

（1）检测原理。样品中噻菌灵经甲醇提取后，根据噻菌灵在酸性条件下溶于水，碱性条件下溶于乙酸乙酯的原理，进行净化，再经反相色谱分离，在 300 nm 波长处用紫外检测器检测，根据保留时间定性，外标法定量。

（2）仪器和设备。

①高效液相色谱仪：配有紫外检测器。

②分析天平：感量 0.01 g 和 0.1 mg。

③组织捣碎机。

④旋转蒸发仪。

⑤机械往复式振荡器。

⑥布氏漏斗。

（3）试剂与耗材。除非另有说明，在分析中仅使用确认为分析纯的试剂和符合《分析实验室用水规格和试验方法》（GB/T 6682—2008）中规定的一级的水。

①甲醇（CH_3OH）：色谱纯。

②乙酸乙酯（$CH_3COOC_2H_5$）。

③氯化钠（NaCl）。

④无水硫酸钠（Na_2SO_4）：在 650 ℃下灼烧 4 h，于干燥器中保存。

（4）试剂配制。

①盐酸溶液（0.1 mol/L）：吸取 8.33 mL 盐酸，用水定容至 1 L。

②氢氧化钠溶液（1.0 mol/L）：称取 40 g 氢氧化钠，用水溶解，并定容至 1 L。

（5）标准品及标准溶液制备。

①标准品噻菌灵（CAS 号：148-79-8）：纯度大于 99%。

②标准溶液配制。标准储备溶液（100 mg/L）：准确称取 0.010 0 g 噻菌灵，用甲醇溶解后，定容至 100 mL，在 4 ℃的条件下保存，有效期 3 个月。

（6）分析步骤。

①提取及净化。称取 10 g 样品，精确至 0.01 g，放入 250 mL 具塞锥形瓶中，加 40 mL 甲醇，均质 1 min，在机械往复式振荡器上振摇 20 min，用布氏漏斗抽滤，并用适量甲醇洗涤残渣 2 次，合并滤液于 150 mL 梨形瓶中，在 50 ℃下减压蒸发至剩余 5～10 mL，用 20 mL 盐酸溶液洗入 250 mL 分液漏斗中，加入 20 mL 乙酸乙酯振荡、静置，乙酸乙酯层再用 20 mL 盐酸溶液萃取一次。合并水相用氢氧化钠溶液调 pH 至 8～9，加入 4 g 氯化钠，移入 250 mL 分液漏斗中，用 40 mL 乙酸乙酯分

别萃取 2 次，合并乙酸乙酯。经无水硫酸钠脱水，在 50 ℃下减压旋转蒸发至近干，残渣用流动相溶解并定容至 5 mL，经 0.45 μm 滤膜过滤后待测。

②液相色谱参考条件。

a. 检测器：紫外检测器。

b. 色谱柱：C_{18}（4.6 mm × 250 mm，5 μm）或相当者。

c. 流动相：甲醇：水 =50 ： 50。

d. 流速：1.0 mL/min。

e. 检测波长：300 nm。

f. 柱温：室温。

g. 进样量：10 μL。

③标准工作曲线。吸取标准储备溶液 0 mL、0.1 mL、0.5 mL、1 mL 和 2 mL，用流动相定容至 10 mL。此标准系列质量浓度为 0 mg/L、1.00 mg/L、5.00 mg/L、10.0 mg/L 和 20.0 mg/L，以测得峰面积为纵坐标，对应的标准溶液质量浓度为横坐标，绘制标准曲线，求回归方程和相关系数。

④测定。将标准工作溶液和待测溶液分别注入高效液相色谱仪，以保留时间定性，以待测液峰面积代入标准曲线中定量，样品中噻菌灵质量浓度应在标准工作曲线质量浓度范围内。同时，做空白试验。

（7）结果计算和表述。试料中噻菌灵残留量以质量分数 w 计，单位以毫克每千克（mg/kg）表示，按下式计算。

$$w = \frac{\rho \times V}{m}$$

式中：w——噻菌灵残留量质量分数（mg/kg）；

ρ——由标准曲线得出试样溶液中噻菌灵的质量浓度（mg/L）；

V——最终定容体积（mL）；

m——试样质量（g）。

计算结果应扣除空白值，计算结果以重复性条件下获得的两次独立测定结果的算术平均值表示，保留两位有效数字。

3）水果和蔬菜中阿维菌素残留量的测定

阿维菌素是一类具有杀虫、杀螨、杀菌作用的十六元大环内酯二糖普类化合物，是一种十六元大环内酯衍生物，作为强力的驱虫药和杀虫剂使用。研究表明，阿维菌素对多种农作物的害虫及蜗类动物的致死剂量低，且能被微生物分解，自然消解速率较快，在环境中无累积作用，是适合大规模使用的低毒农药。

（1）检测原理。试样中的阿维菌素用丙酮提取，经浓缩后，用 SPE C_{18} 柱净化，并用甲醇洗脱。洗脱液经浓缩、定容、过滤后，用配有紫外检测器的高效液相色谱仪测定，外标法定量。

（2）仪器和设备。

①高效液相色谱仪：配有紫外检测器。

②分析天平：感量 0.01 g 和 0.000 1 g。

③组织捣碎机。

④振荡器。

⑤旋转蒸发器。

⑥固相萃取柱：SPE C_{18}，规格为 60 mg/3 mL，使用前用 5 mL 甲醇和 5 mL 水活化。

（3）试剂。

①丙酮（C_3H_6O）：色谱纯。

②甲醇（CH_4O）：色谱纯。

（4）试剂配制。

①试样配制：将所取样品缩分出 1 kg，样品经组织捣碎机捣碎，均分为两份，装入洁净容器内，作为试样密封并标明标记。

②试样保存：将试样于 –18 ℃以下保存。在抽样和制样的操作过程中，应防止样品受到污染或发生残留物含量的变化。

（5）标准品及标准溶液制备。

①阿维菌素标准品（$C_{48}H_{72}O_{14}$）：纯度 ≥ 96.0%。

②标准溶液配制。

a. 阿维菌素标准储备溶液：称取 0.1 g（准确至 0.000 2 g）阿维菌素标准品于 100 mL 容量瓶中，用甲醇溶解并定容至刻度，配制成浓度为 1.0 mg/mL 的标准储备溶液。

b. 阿维菌素标准工作溶液：根据需要移取适量的阿维菌素标准储备溶液，用甲醇稀释成适当浓度的标准工作溶液。

（6）分析步骤。

①提取。称取试样约 20 g（精确至 0.1 g），置于 100 mL 具塞锥形瓶中，加入 50 mL 丙酮，于振荡器上振荡 0.5 h，用布氏漏斗抽滤，用 20 mL×2 丙酮洗涤锥形瓶及残渣。合并丙酮提取液，于 40 ℃水浴旋转蒸发至约 2 mL。

②净化。将上述的浓缩提取液完全转入 SPE C$_{18}$ 柱，再用 5 mL 水淋洗，去掉淋洗液。最后用 5 mL 甲醇洗脱，收集洗脱液，用氮气吹至近干。准确加入 1.0 mL 甲醇溶解残渣，用 0.45 μm 滤膜过滤，滤液供液相色谱测定。外标法定量。

③测定。高效液相色谱参考条件如下。

a. 色谱柱：ODS-C$_{18}$ 反相柱，4.6 mm×125 mm。

b. 流动相：甲醇与水体积比为 90 ：10。

c. 流速：1.0 mL/min。

d. 检测波长：245 nm。

e. 柱温：40 ℃。

f. 进样量：20 μL。

④色谱测定。根据样液中阿维菌素含量情况，选定峰高相近的标准工作溶液和样液中阿维菌素响应值，且均应在仪器检测线性范围内，标准工作溶液和样液等体积参插进样。在上述色谱条件下，阿维菌素保留时间约为 5.3 min。

⑤空白试验。除不加试样外，均按照上述测定步骤进行。

（7）结果计算和表述。用色谱数据处理机或按下式计算试样中阿维菌素残留量。

$$X = \frac{h \times c \times V}{h_s \times m}$$

式中：X——试样中阿维菌素残留量（mg/kg）；

　　　h——样液中阿维菌素峰高（mm）；

　　　h_s——标准工作溶液中阿维菌素峰高（mm）；

　　　c——标准工作溶液中阿维菌素浓度（mg/L）；

　　　V——样液最终定容体积（mL）；

　　　m——最终样液代表的试样量（g）。

计算结果应扣除空白值，测定结果用平行测定的算术平均值表示，保留两位有效数字。

3.5.3 液相色谱仪在化妆品安全领域的应用实验项目

1）化妆品中奎宁含量的检测

奎宁又名金鸡纳碱，是茜草科植物金鸡纳树及其同属植物的树皮中的主要生物碱，是一种用于治疗与预防疟疾，并且可用于治疗焦虫症的药物。奎宁可用于医药、饮料和化妆品中。但奎宁有一定毒性，过量可引起过敏及肠胃功能障碍，对中枢神经也有一定影响，在化妆品中用于发乳时为 2 g/kg，用于香波时为 5 g/kg。

（1）检测原理。样品处理后，经高效液相色谱仪分离，紫外检测器检测，根据保留时间定性，峰面积定量，以标准曲线法计算含量。

（2）仪器。

①高效液相色谱仪：配紫外检测器。

②电子分析天平：感量 0.000 1 g。

③超声波清洗器。

④微型涡旋混合器。

⑤微量进样器：50 μL 或 100 μL。

（3）试剂。除另有规定外，所用试剂均为分析纯或以上规格，水为《分析实验室用水规格和试验方法》（GB/T 6682—2008）规定的一级水。

①奎宁：纯度 ≥ 98%。

②磷酸氢二铵：色谱纯。

③甲醇：色谱纯。

（4）试剂配制。

①奎宁标准储备溶液：取奎宁约 0.050 0 g（精确到 0.000 1 g），置于 50 mL 棕色容量瓶中，用甲醇溶解并定容至刻度，摇匀，配成质量浓度为 1.0 g/L 的标准储备溶液。

②奎宁标准工作溶液：精密配制浓度分别为 1.0 mg/mL、10.0 mg/mL、30.0 mg/mL、80.0 mg/mL、120.0 mg/mL 和 200.0 mg/mL 的系列奎宁标准工作溶液。

（5）分析步骤。

①样品处理。称取样品 0.25 g（精确到 0.000 1 g），置于 25 mL 具塞刻度管中，加入 20 mL 甲醇，涡旋 1 min，振摇，超声提取 30 min，取出后冷却至室温，用甲

醇定容至 25 mL 刻度线，涡旋振荡摇匀，取上层液经 0.45 μm 滤膜过滤，滤液作为待测溶液，备用。

②参考色谱条件。

a. 色谱柱：C_{18} 柱（250 mm × 4.6 mm × 5 μm）或等效色谱柱。

b. 流动相：甲醇与 0.01 mol/L $(NH_4)_2HPO_4$ 体积比为 90∶10。

c. 流速：1.0 mL/min。

d. 检测波长：328 nm。

e. 柱温：30 ℃。

f. 进样量：20 μL。

③测定。取标准系列溶液分别进样，进行色谱分析，以标准系列溶液浓度为横坐标，以峰面积为纵坐标，绘制标准曲线。

取待测溶液进样，根据保留时间定性，测得峰面积，根据标准曲线得到待测溶液中奎宁的浓度。

（6）结果计算。

①计算。

$$\omega = \frac{\rho \times V \times D}{m \times 10^6} \times 100\%$$

式中：ω——化妆品中奎宁的质量分数（%）；

　　　D——样品稀释倍数；

　　　V——样品定容体积（mL）；

　　　ρ——从标准曲线得到的奎宁的质量浓度（μg/mL）；

　　　m——样品取样量（g）。

在重复性条件下获得的两次独立测定结果的绝对差值不得超过算术平均值的 10%。

②精密度与回收率。多家实验室验证的回收率为 90%～ 115%，相对标准偏差小于 7%。

2）化妆品中 6-甲基香豆素含量的测定

6-甲基香豆素是香豆素的衍生物，也是一种重要的香料，具有强烈的椰子香气，常用作定香剂、脱臭剂，主要用于配制椰子、香草和焦糖等型香精。由毒理实验发现，香豆素对小鼠胚胎有毒性，能引起痛觉消失，使中性胆碱酯酶发生变化，对大鼠为可疑致肿瘤物。同时，其也是一种光感性皮炎致敏物，将添加有 6- 甲基香豆素的化妆品涂于皮肤表面后，经光照会引起皮肤炎症，并且对人类的肝脏有危害。6-甲基香豆素在《化妆品卫生标准》（GB7916—1987）中为限用物质，规定其在口腔产品中其最大允许浓度为 0.003%。《化妆品安全技术规范（2015 年版）》规定 6- 甲基香豆素为禁用物质。

（1）检测原理。样品处理后，经高效液相色谱仪分离，紫外检测器检测，根据保留时间定性，根据峰面积定量，以标准曲线法计算含量。

（2）仪器。

①高效液相色谱仪：配有紫外检测器。

②天平。

③涡旋振荡器。

④超声波清洗器。

⑤离心机：转速不小于 5 000 r/min。

（3）试剂。除另有规定外，所用试剂均为分析纯或以上规格，水为《分析实验室用水规格和试验方法》（GB/T 6682—2008）中规定的一级水。

①6- 甲基香豆素：纯度 ≥ 99.0%。

②甲醇：色谱纯。

③磷酸二氢钠：分析纯。

（4）试剂配制。

①流动相的配制：流动相 A 为甲醇，流动相 B 为磷酸二氢钠缓冲溶液。$c(NaH_2PO_4)$ =0.02 mol/L，pH =3.5，配制方式为称取 3.12 g 磷酸二氢钠，加水溶解并稀释至 1 000 mL，用磷酸调 pH 至 3.5。

②标准储备溶液 I：称取 0.1 g（精确到 0.000 1 g）6-甲基香豆素，置于 100 mL 容量瓶中，加甲醇溶解并稀释至刻度，即得浓度为 1.0 mg/mL 的 6-甲基香豆素标准储备溶液 I。

③标准储备溶液 II：精密量取 5 mL 标准储备溶液 I，置于 50 mL 容量瓶中，加甲醇稀释至刻度，即得浓度为 100 μg/mL 的 6-甲基香豆素标准储备溶液 II。

（5）分析步骤。

①标准系列溶液的制备：取 6-甲基香豆素标准储备溶液 II，分别配制浓度为

0.1 μg/mL、0.5 μg/mL、1.0 μg/mL、3.0 μg/mL、5.0 μg/mL、10.0 μg/mL 的标准系列溶液。

②样品处理：称取样品 1 g（精确到 0.001g），置于 10 mL 容量瓶中，加入 5 mL 甲醇，涡旋振荡使样品与提取溶剂充分混匀，超声提取 20 min，冷却至室温后，用甲醇稀释至刻度，混匀后转移至 10 mL 刻度离心管中，以 5 000 r/min 的转速离心 5 min。上清液经 0.45 μm 滤膜过滤，滤液备用。

③参考色谱条件。色谱柱为 C_{18} 柱（250 mm×4.6 mm×5 μm）或等效色谱柱。梯度洗脱程序如表 3-10 所示。

表3-10　化妆品中6-甲基香豆素含量的测定中流动相梯度洗脱程序

时间（min）	流动相 A 的体积含量（%）	流动相 B 的体积含量（%）
0	55	45
11	55	45
12	90	10
40	90	10
41	55	45
50	55	45

流速：1.0 mL/min。

检测波长：275 nm。

柱温：35 ℃。

进样量：10 μL。

④测定。在上述色谱条件下，取标准系列溶液分别进样，进行色谱分析，以标准系列溶液浓度为横坐标，以峰面积为纵坐标，绘制标准曲线。

取待测溶液进样，根据保留时间定性，测得峰面积，根据标准曲线得到待测溶液中 6-甲基香豆素的浓度。

（6）结果计算

①计算。

$$\omega = \frac{\rho \times V}{m} \times 10^{-4}$$

式中：ω——化妆品中 6-甲基香豆素的质量分数（％）；

ρ——由标准曲线得到的待测组分的浓度（μg/mL）；

V——样品定容体积（mL）；

m——样品取样量（g）。

在重复性条件下获得的两次独立测定结果的绝对差值不得超过算术平均值的 10％。

②回收率。当样品添加标准溶液浓度在 0.001％～0.005％时，测定结果的平均回收率在 92.2％～103.5％。

3）化妆品中氨基己酸含量的测定

氨基己酸是一种有机化合物，主要用作止血药，能阻抑纤溶酶原与纤维蛋白结合，防止其激活，从而抑制纤维蛋白溶解，高浓度则直接抑制纤溶酶活力，达到止血效果。

（1）检测原理。样品提取后，经高效液相色谱分离，并根据保留时间和紫外光谱图定性，峰面积定量，以标准曲线法计算含量。

（2）仪器。

①高效液相色谱仪：具二极管阵列检测器。

②液相色谱 – 质谱联用仪。

③超声波清洗器。

④离心机。

⑤天平。

（3）试剂。除另有规定外，本方法所用试剂均为分析纯或以上规格，水为《分析实验室用水规格和试验方法》（GB/T 6682—2008）中规定的一级水。

①氨基己酸：纯度 ≥ 99％。

②甲醇：色谱纯。

③磷酸：优级纯。

④磷酸二氢铵。

⑤氯化钠。

⑥甲酸：色谱纯。

（4）试剂配制。

①流动相的配制：流动相 A 为甲醇，流动相 B 为 0.1 mol/L 磷酸二氢铵溶液（用磷酸调节 pH 至 3.0）。

②标准储备溶液：称取 0.05 g（精确到 0.000 1 g）氨基己酸，置于小烧杯中，加适量水，超声溶解后转移至 100 mL 容量瓶中，加水定容至刻度，摇匀，即得浓度为 500 mg/L 的标准储备溶液。

（5）分析步骤。

①标准系列溶液的制备。取标准储备溶液，分别配制成浓度为 10 mg/L、50 mg/L、100 mg/L、250 mg/L 和 500 mg/L 的氨基己酸标准系列溶液。

②样品处理。称取样品 0.2 g（精确到 0.000 1 g），置于 10 mL 具塞比色管中，加入 0.5 mL 饱和氯化钠溶液，旋涡振摇 1 min，用流动相稀释至刻度，超声浸提 20 min，可取适量浑浊样品，以 5 000 r/min 转速离心 5 min。上清液经 0.45 μm 滤膜过滤，滤液作为待测溶液。

③参考色谱条件。

a. 色谱柱：C_{18} 柱（250 mm × 4.6 mm × 5 μm）或等效色谱柱。

b. 流动相 A 与流动相 B 的体积比为 2 ∶ 98。

c. 流速：1.0 mL/min。

d. 检测波长：210 nm。

e. 柱温：25 ℃。

f. 进样量：20 μL。

④测定。在色谱条件下，取标准系列溶液进样，进行高效液相色谱分析，以标准系列溶液浓度为横坐标，以峰面积为纵坐标，绘制标准曲线。

取待测溶液进样，进行高效液相色谱分析，根据保留时间和紫外光谱图定性，测得峰面积，根据标准曲线得到待测溶液中氨基己酸的浓度。

（6）结果计算。

①计算。

$$\omega = \frac{D \times \rho \times V}{m} \times 10^{-4}$$

式中：ω——样品中氨基己酸的质量分数（%）；

m——样品取样量（g）；

　　P——从标准曲线得到待测组分的质量浓度（mg/L）；

　　V——样品定容体积（mL）；

　　D——稀释倍数（不稀释则取1）。

在重复性条件下获得的两次独立测试结果的绝对差值不得超过算术平均值的10%。

②回收率和精密度。回收率为91%～113%，相对标准偏差为0.2%～4.0%。

3.5.4　液相色谱仪在药品安全领域的应用实验项目

1）吡拉西坦片含量的测定

吡拉西坦属于γ–氨基丁酸（GABA）的环形衍生物，为脑代谢改善药，可用于多种原因所致的记忆减退及轻、中度脑功能障碍，也用于儿童智能发育迟缓。吡拉西坦片收载于《中国药典》二部中。

（1）检测原理。高效液相色谱法（HPLC）是一种以高压液体为流动相的现代液相色谱法。采用HPLC法测定含量可消除共存杂质和辅料的干扰，具有专属性高的特点。吡拉西坦在紫外光区（210 nm）有特征吸收，可以用紫外检测器进行检测。

（2）仪器。

①高效液相色谱仪：配紫外检测器。

②电子分析天平：感量为0.000 1 g。

③微量进样器：50 μL或100 μL。

（3）试剂。除另有规定外，所用试剂均为分析纯或以上规格，水为《中国药典》规定的纯化水。

①吡拉西坦对照品。

②甲醇：色谱纯。

（4）试剂配制。流动相的配制，以10份的甲醇加90份的水（以上为体积比），混合均匀。

（5）分析步骤。

①供试品溶液的配制：取本品20片，精密称定，研细，精密称取适量（约相当于0.1 g吡拉西坦），置于100 mL量瓶中，加流动相适量，振摇使吡拉西坦溶解，用流动相稀释至刻度，摇匀，滤过，精密量取续滤液5 mL，置于50 mL量瓶中，用流动相稀释至刻度，摇匀。

②对照品溶液的配制：取吡拉西坦对照品适量，精密称定，加流动相溶解并定量稀释制成每 1 mL 中约含 0.1 mg 的溶液。

③参考色谱条件。

用十八烷基硅烷键合硅胶为填充剂；以甲醇–水（体积比为 10∶90）为流动相，检测波长为 210 nm；进样体积 10 μL。

系统适用性要求：系统适用性溶液色谱图中，理论板数按吡拉西坦峰计算不低于 2 000。

④测定。精密量取供试品溶液与对照品溶液，分别注入液相色谱仪，记录色谱图。按外标法以峰面积计算。

（6）结果计算。

计算公式如下。

$$标示百分含量 X = \frac{c_{对} \times \dfrac{A_{样}}{A_{对}} \times D \times V \times \bar{m} \times 10^{-3}}{W_{样} \times 标示量}$$

式中：标示百分含量 X——药品中吡拉西坦的标示百分含量（%）；

$c_{对}$——吡拉西坦对照品的含量（mg/mL）；

$A_{样}$——样品中吡拉西坦峰的面积；

$A_{对}$——对照品中吡拉西坦峰的面积；

D——样品稀释倍数；

V——样品定容体积（mL）；

$\bar{m}$——平均片重（g）；

$W_{样}$——样品取样量（g）；

标示量——吡拉西坦片的规格（g）。

在重复性条件下获得的两次独立测定结果的相对标准偏差不高于 1.5%。本品含吡拉西坦（$C_6H_{10}N_2O_2$）应为标示量 95.0%～105.0%。

2）磺胺嘧啶片含量的测定

磺胺嘧啶片，为磺胺类药，属广谱抗菌药，但由于目前许多临床常见病原菌对该类药物耐药，仅用于治疗敏感细菌及其他敏感病原微生物所致的感染。

（1）检测原理。高效液相色谱法（HPLC）是一种以高压液体为流动相的现代液相色谱法。采用 HPLC 法测定含量可消除共存杂质和辅料的干扰，具有专属性高的特点。磺胺嘧啶在紫外光区（260 nm）有特征吸收，可以用紫外检测器进行检测。

（2）仪器。

①高效液相色谱仪：配紫外检测器。

②电子分析天平：感量为 0.000 1 g。

③微量进样器：50 μL 或 100 μL。

（3）试剂。除另有规定外，所用试剂均为分析纯或以上规格，水为《中国药典》中规定的纯化水。

①磺胺嘧啶对照品。

②乙腈：色谱纯。

③醋酸铵：优级纯。

（4）试剂配制。

① 0.3％醋酸铵溶液：称取 3 g 醋酸铵，用纯化水溶解、稀释并定容成 1 L。

②流动相的配制：将 20 份的乙腈与 80 份的 0.3％醋酸铵溶液（以上为体积比）混合均匀。

（5）分析步骤。

①供试品溶液的配制：取本品 20 片，精密称定，研细，精密称取适量（约相当于 0.1 g 磺胺嘧啶），置于 100 mL 量瓶中，加 10 mL 0.1 mol/L 氢氧化钠溶液，振摇，使磺胺嘧啶溶解，用流动相稀释至刻度，摇匀，滤过，精密量取续滤液 5 mL，置于 50 mL 量瓶中，用流动相稀释至刻度，摇匀，作为供试品溶液。

②对照品溶液的配制：另取约 25 mg 磺胺嘧啶对照品，精密称定，置于 50 mL 量瓶中，加 25 mL 0.1 mol/L 氧化钠液使其溶解后，用流动相稀释至刻度，摇匀，精密量取 10 mL，置于 50 mL 量瓶中，用流动相稀释至刻度，摇匀。

③参考色谱条件。用十八烷基硅烷键合硅胶为填充剂；以乙腈 -0.3％醋酸铵溶液（体积比为 20：80）为流动相；检测波长为 260 nm。理论板数按磺胺略淀峰计算不低于 3 000。

④测定。精密量取供试品溶液与对照品溶液各 10 μL，分别注入液相色谱仪，记录色谱图。按外标法以峰面积计算。

（6）结果计算。

计算公式如下。

$$标示量X=\cfrac{c_{对}\times\cfrac{A_{样}}{A_{对}}\times D\times V\times\bar{m}\times10^{-3}}{W_{样}}$$

式中：标示量 X ——药品中磺胺嘧啶的标示百分含量（%）；

    $c_{对}$ ——磺胺嘧啶对照品的含量（mg/mL）；

    $A_{样}$ ——样品中磺胺嘧啶峰的面积；

    $A_{对}$ ——对照品中磺胺嘧啶峰的面积；

    D ——样品稀释倍数；

    V ——样品定容体积（mL）；

    m ——平均片重（g）；

    $W_{样}$ ——样品取样量（g）；

    标示量——磺胺嘧啶片的规格（g）。

在重复性条件下获得的两次独立测定结果的相对标准偏差不高于 5.0%。

3.5.5 液相色谱仪在中药安全领域的应用实验项目

1）枸杞中枸杞多糖含量的测定

枸杞子是中国传统的滋补药，首载于《神农本草经》，列为上品，具有滋补肝肾、益精明目的功效。现代研究表明枸杞子具有降血糖、调血脂、抗肿瘤、抗氧化、调节免疫、保护视网膜细胞等多种功效。枸杞子在传统药用中多采用水煎煮的方式。枸杞多糖是枸杞子水煎煮的主要物质组成，占枸杞子质量的 2%～4%。枸杞多糖主要由葡萄糖、果糖、半乳糖、阿拉伯糖等单糖组成，具有抗氧化、抗衰老、抗糖尿病、神经保护、免疫调节、保护肝脏等功效，在食品与药品领域具有极大的应用潜力。

（1）检测原理。参考《枸杞中枸杞多糖含量的测定　高效液相色谱法》（T/NAIA 0121—2022），试样中的枸杞多糖先用乙醚和 80% 的乙醇脱脂和脱色素，经热水提取后用无水乙醇沉淀多糖，醇沉多糖用水溶解后，用 4 mol/L 三氟乙酸溶液水解为单糖，再加 0.5 mol/L 的 PMP（1- 苯基 -3- 甲基 -5- 吡唑啉酮）衍生化，溶液用微孔滤膜过滤后，用高效液相色谱法测定，内标法定量。

（2）仪器。

①高效液相色谱仪：配紫外检测器。

②分析天平：感量 0.000 01 g。

③旋转蒸发仪。

④离心机。

⑤超纯水机。

⑥粉碎机。

⑦真空干燥箱。

⑧微孔滤膜：0.45 μm，有机相。

（3）试剂。

①水：《分析实验室用水规格和试验方法》（GB/T6682—2008）中规定的一级水。

②甲醇：色谱纯。

③乙腈：色谱纯。

④磷酸二氢钾：分析纯。

⑤氢氧化钠：分析纯。

⑥无水乙醇：分析纯。

⑦乙醚：分析纯。

⑧甲苯：分析纯。

⑨盐酸：分析纯。

⑩ 1- 苯基 -3- 甲基 -5- 吡唑啉酮（PMP）：分析纯 。

⑪三氟乙酸：分析纯。

⑫标准品：D- 甘露糖、D- 核糖、L- 鼠李糖、D- 葡糖糖醛酸、D- 一水合半乳糖醛酸、D- 葡萄糖、D- 半乳糖、D- 木糖、D- 阿拉伯糖、L- 岩藻糖、2- 脱氧 -D- 核糖等标准物质。

（4）试剂配制。

① pH 为 6.5 的磷酸盐缓冲液：取 0.8 g 氢氧化钠，用水溶解并稀释至 200 mL，即得 0.1 mol/L 氢氧化钠溶液；称取 6.8 g 磷酸二氢钾，加 152 mL 0.1 mol/L 氢氧化钠溶液，用水稀释至 1 000 mL，即得 pH 为 6.5 的磷酸盐缓冲液。

② 80 % 乙醇溶液：取 400 mL 无水乙醇，加水稀释至 500 mL，即得 80 % 乙醇溶液。

③ 4 mol/L 三氟乙酸溶液：准确量取 29.7 mL 三氟乙酸，置于 100 mL 容量瓶中，用水稀释至刻度，即得。

④ 0.4 mol/L 氢氧化钠溶液：取 10 mL 4 mol/L 的氢氧化钠溶液，加水稀释至 100 mL，即得。

⑤ 0.5 mol/L 的 PMP 甲醇溶液：精密称取 0.87 g PMP，置于 10 mL 量瓶中，加甲醇溶解并稀释至刻度，即得。

⑥ 0.4 mol/L 盐酸溶液：取 0.36 mL 盐酸加水稀释至 10 mL，即得。

⑦内标使用溶液：精密称取适量（精确至 0.000 01 g）2- 脱氧 -D- 核糖标准品，用水溶解并配制成质量浓度为 1.3 mg/mL 的溶液，作为内标使用溶液。

⑧单标储备溶液：分别准确称取适量（精确至 0.000 01 g）经真空干燥至恒重的甘露糖、岩藻糖、核糖、鼠李糖、葡萄糖醛酸、木糖、半乳糖醛酸、半乳糖、阿拉伯糖、葡萄糖，用水溶解并配制成质量浓度为 10 mg/mL 的单标储备溶液，贮存于密闭容量瓶中于 4 ℃下避光储存。

⑨混合标准储备溶液：分别精密量取适量单标储备溶液，用水溶解并稀释，制成含甘露糖 50 µg/mL、岩藻糖 30 µg/mL、核糖 20 µg/mL，鼠李糖 70 µg/mL、葡萄糖醛酸 70 µg/mL、木糖 140 µg/mL、半乳糖醛酸 440 µg/mL、半乳糖 400 µg/mL、阿拉伯糖 330 µg/mL、葡萄糖 500 µg/mL 的溶液，作为混合标准储备溶液。

（5）分析步骤。

①试样处理。

a. 样品制备。取 –18 ℃冷冻冰箱中保存的枸杞子样品，粉碎，置于干燥器中，在 –18 ℃冰箱中保存，待用。

b. 脱脂脱色。准确称取 2 g（精确至 0.000 01 g）枸杞粗粉，置于锥形瓶中，加乙醚 200 mL，加热回流 2 h，静置，放冷，小心弃去乙醚液，残渣置水浴上挥尽乙醚，再加入 200 mL 80% 乙醇，加热回流 2 h，趁热滤过，用 50 mL 80% 热乙醇分次洗涤滤渣和滤器，待用。

c. 水提醇沉。取滤渣连同滤纸置于锥形瓶中，加 200 mL 水，加热回流 3 h，趁热过滤，用少量热水洗涤滤器，合并滤液和洗液，置旋转蒸发仪上浓缩至约 5 mL，将浓缩后的溶液和洗液用 15 mL 水转移至离心瓶中，加入 80 mL 无水乙醇充分混匀，4 ℃静置 12 h，以 4 000 r/min 转速离心 10 min，弃去上清液，得醇沉物。

d. 水解。将醇沉物溶解在热水（70 ～ 80 ℃）中并定量转移至 10 mL 容量瓶中，冷却至室温，用水稀释至刻度，并充分混合，转移至离心管中，以 4 000 r/min 的转速离心 10 min。精密量取 2 mL 上清液，置于 5 mL 量瓶中，加入 1 mL 4 mol/L 三氟乙酸溶液，100 ℃水解 3 h，冷却至室温，加入 1 mL 4 mol/L 氢氧化钠溶液，用水定容至刻度，摇匀，待衍生化。

e. 衍生化。精密吸取 1 mL 水解之后的溶液，置于样品瓶中，加入内标使用溶液 0.1 mL，加入 0.5 mL 0.4 mol/L 氢氧化钠溶液，加入 1 mL 0.5 mol/L 的 PMP 甲醇溶液，80 ℃加热 60 min，冰水浴中放置 10 min，加入 0.5 mL 0.4 mol/L 盐酸溶液中和，混匀，转移至离心管中，加入 4 mL 甲苯，充分振摇后，以 4 000 r/min 转速离心 10 min，取下层溶液，用 0.45 μm 的滤膜过滤，取滤液上机测定。

②液相色谱参考条件。

a. 色谱柱：C_{18} 柱（长 250 mm，内径 4.6 mm，粒度 3.5 μm）或性能相当者。

b. 流动相：乙腈 –pH 6.5 磷酸盐缓冲液（体积比为 16 ∶ 84）。

c. 柱温：30 ℃。

d. 检测波长：250 nm。

e. 进样体积：20 μL。

③标准曲线绘制。分别取混合标准储备溶液 0.05 mL、0.1 mL、0.3 mL、0.5 mL、0.6 mL、0.8 mL，置于样品瓶中，分别加水配成 1 mL，加入 0.1 mL 内标使用溶液，加 0.5 mL 0.4 mol/L 氢氧化钠溶液，加 1 mL 0.5 mol/L 的 PMP 甲醇溶液，80 ℃加热 60 min 后，冰水浴中放置 10 min，加入 0.5 mL 0.4 mol/L 盐酸溶液中和，混匀，转移至离心管中，加入 4 mL 甲苯，充分振摇后，以 4 000 r/min 的转速离心 10 min，取下层溶液，用 0.45 μm 的滤膜过滤，即得系列线性测定混合标准使用溶液。取上述系列溶液按液相色谱条件测定，记录峰面积，以各单糖标准品与内标的峰面积比值 x 为横坐标，以各单糖标准品与内标的质量比值 y 为纵坐标，计算标准曲线或求线性回归方程。

④色谱分析。取平行两份的枸杞子试样溶液测定，枸杞子试样中各单糖的响应值应在标准曲线范围内。以内标法计算单糖含量。同时，做空白试验。

（6）结果计算。试样中枸杞多糖的含量是甘露糖、核糖、鼠李糖、葡萄糖醛酸、半乳糖醛酸、葡萄糖、半乳糖、木糖、阿拉伯糖和岩藻糖的含量之和，以质量分数 w 计，数值以毫克每克（mg/g）计，按以下公式计算。

$$\omega = \sum_{1}^{10} \omega_i$$

计算结果保留三位有效数字。

在重复性条件下，获得的两次独立测定结果的绝对差值不超过算术平均值的5%。方法的回收率在95.0%～105.0%之间。

2）人参中多种人参皂苷含量的测定

人参是我国传统名贵中草药，皂苷为其主要活性成分。作为一种名贵中草药，人参在我国已有几千年的应用历史。人参具有增强免疫力、抗肿瘤、抗衰老、抗辐射、抗疲劳等多种药理活性，研究证实，这与人参含有的多种生物活性物质有关，如人参皂苷、肽类、氨基酸、植物甾醇类、有机酸等。其中，人参皂苷是迄今为止研究最多的活性物质，有着显著的生理活性。人参皂苷均属三萜类皂苷，主要分为三种：原人参二醇型，如人参皂苷 Rb_1、Rb_2、Rc、Rd、Rh_2 等；原人参三醇型，如人参皂苷 Re、Rf、Rg_1、Rg_2、Rh_1 等；齐墩果酸型，如人参皂苷 R_0、Rh_3 等。

（1）检测原理。参考《人参中多种人参皂苷含量的测定　液相色谱－紫外检测法》（GB/T 22996—2008），采用快速溶剂萃取法（ASE）在高温、高压的条件下，使人参皂苷完全彻底地被萃取到甲醇中，经浓缩、定容，液相色谱测定，外标法定量。

（2）仪器。

①液相色谱仪：配有紫外检测器。

②加速溶剂萃取仪：型号 ASE200，配有 11 mL 萃取池。

③电子天平：感量为 0.01 g 和 0.000 1 g。

④旋转蒸发仪。

⑤鸡心瓶：150 mL。

⑥容量瓶：10 mL。

⑦微量移液器：10 ～ 100 μL 和 1 000 ～ 5 000 μL。

⑧样品过滤器：PTFE，0.45 μm。

（3）试剂。

①水：《分析实验室用水规格和试验方法》（GB/T 6682—2008）规定的一级水。

②甲醇：色谱纯。

③乙腈：色谱纯。

④海砂：化学纯，粒度为 0.65 ～ 0.85 mm。

⑤人参皂苷标准物质：Re、Rg_1、Rf、Rb_1、Rc、Rb_2，纯度均大于99%。

（4）试剂配制。

①六种人参皂甙标准储备溶液（1.0 mg/mL）：用分析天平准确称取适量 Re、Rg$_1$、Rf、Rb$_1$、Rc、Rb$_2$ 标准物质，分别用甲醇配制成 1.0 mg/mL 的标准储备溶液。储备溶液避光，在 2～4 ℃下保存。

②六种人参皂甙混合标准工作溶液：根据每种人参皂甙的灵敏度和仪器的线性范围，量取适量的六种人参皂甙标准储备溶液，用甲醇配制成混合标准工作溶液，避光，在 2～4 ℃下保存。

（5）分析步骤。

①试样处理。

a. 试样的制备。将人参样品混合均匀。分出 0.5 kg 作为试样，用粉碎机粉碎并通过孔径 20 目筛。混匀密封，并做标记。将试样置于 4 ℃条件下贮存。

b. 提取。分别称取人参试样 1 g（精确到 0.01 g）和海砂 13.0 g，将试样与海砂充分混匀，装入事先放入纤维素滤膜的加速溶剂萃取仪的 11 mL 萃取池中，拧紧池盖，进行萃取。将收集到瓶中的提取液转移到鸡心瓶中，50 ℃下真空浓缩至小于 10 mL，转移到 10 mL 容量瓶中，用甲醇定容，混匀。取部分样液用 0.45 μm 滤膜过滤到进样瓶中，待液相色谱测定。

②液相色谱参考条件。

a. 色谱柱：Acclaim 120 C$_{18}$，5μm，250 mm×4.6 mm（内径）或相当者。

b. 流速：1 mL/min。

c. 检测波长：203 nm。

d. 柱温：50 ℃。

e. 进样量：10 μL。

③标准曲线制备。用不同浓度的人参皂甙混合标准溶液分别进样，以峰面积和标准工作溶液的浓度绘制标准工作曲线，样品溶液中人参皂甙的响应值均在仪器的测定范围内。

④色谱分析。取 10～20 μL 待测试样溶液注入色谱仪中，以保留时间定性，以试样峰面积通过标准曲线计算含量。按照上述步骤，对试样进行平行试验测定和空白试验测定。

（6）结果计算。

$$X = c \times \frac{V}{m} \times \frac{1000}{1000}$$

式中：X——试样中被测组分含量（mg/kg）；

c——从标准曲线上得到被测组分溶液的浓度（μg/mL）；

V——样品溶液定容体积（mL）；

m——样品溶液所代表试样的质量（g）。

计算结果应扣除空白值。

3）丹参药材中丹参酮类含量的测定

丹参收录于《中国药典》中，具有抑制冠脉硬化、扩张血管、防止血栓、增强机体免疫功能和降低血糖等作用，其根部主要成分为丹参素、原儿茶酸、原儿茶醛等水溶类和丹参酮、隐丹参酮、丹参新酮等脂溶类物质。

丹参酮，又名总丹参酮，是从中药丹参（唇形科植物丹参根）中提取的具有抑菌作用的脂溶性菲醌化合物，从中分得丹参酮Ⅰ、丹参酮ⅡA、丹参酮ⅡB、隐丹参酮、异隐丹参酮等 10 余个丹参酮单体。丹参酮ⅡA 的磺化产物丹参酮ⅡA 磺酸钠能溶于水，经临床试用证明治疗心绞痛效果显著，副作用小，为一治疗冠心病的新药。丹参酮有抗菌、消炎、活血化瘀、促进伤口愈合等多方面作用，长期服用未见有明显副作用。

（1）检测原理。参考《中国药典》，取丹参粉末适量，经提取处理后，采用高效液相色谱法进行定性和定量检测。

（2）仪器。

①液相色谱仪：配自动进样器、二极管阵列检测器。

②超声波清洗器。

③0.22 μm 或 0.45 μm 微孔膜。

④分析天平：感量 0.000 1 g。

（3）试剂。

①标准品：丹参酮Ⅰ（纯度为 98.0%）、隐丹参酮（纯度为 98.0%）、丹参酮ⅡA（纯度为 99.5%）。

②乙腈：色谱纯。

③冰乙酸：色谱纯。

④水：超纯水或重蒸水。

⑤甲醇：色谱纯。

（4）试剂配制。

①标准储备溶液的制备。分别精确称取丹参酮Ⅰ、隐丹参酮、丹参酮ⅡA标准品适量，置于 25 mL 棕色容量瓶中，加入甲醇使其溶解，定容后摇匀，配制成各目标物含量为 1.0 mg/mL 的标准储备溶液，于 −18 ℃ 避光保存。

②混合标准溶液的制备。分别移取适量标准储备溶液于同一棕色容量瓶中，用甲醇稀释成各目标物含量为 100 mg/L 的混合标准溶液，现用现配。

（5）分析步骤。

①试样处理。取本品粉末（过三号筛）约 0.3 g，精密称定，置于具塞锥形瓶中，精密加入甲醇 50 mL，密塞，称定重量，超声处理 30 min，放冷，再称定重量，用甲醇补足减失的重量，摇匀，用 0.45 μm 的有机相微孔滤膜过滤，待液相色谱仪测定。

②液相色谱参考条件。

a. 色谱柱：ZORBAX SB-C$_{18}$（250 mm × 4.6 mm，5 μm）。

b. 流速：1.0 mL/min。

c. 柱温 25 ℃。

d. 进样体积 10 μL。

e. 流动相 A：准确量取 1 mL 冰乙酸溶解于 1 000 mL 超纯水中。

f. 流动相 B：乙腈。

③标准曲线制备。精确量取混合标准溶液 0.1 mL、0.2 mL、0.5 mL、0.75 mL、1.0 mL，置于 5 只 10 mL 棕色容量瓶中，甲醇稀释至刻度，摇匀，得到标准系列工作溶液，按液相色谱条件进行测定，记录各目标物色谱图峰面积。以峰面积（y）和质量浓度（x）绘制标准工作曲线 $y_i = a_i x_i + b_i$。

④色谱分析。取 10 ～ 20 μL 待测试样溶液注入色谱仪中，以保留时间定性，以试样峰面积通过标准曲线计算含量。

3.5.6　液相色谱仪在医疗器械安全领域的应用实验项目

以进出口医疗器械中 MDI 溶出量的测定为例，聚氨酯材料在人体泌尿系统、口腔和消化系统、心血管系统、骨骼系统和体外体表等领域都有着广泛的应用，易制作成各种医疗器械，如医用聚氨酯静脉输液管、静脉留置针血液透析导管等。聚氨酯常采用二苯甲烷二异氰酸酯单体（MDI）聚合而成。MDI 有 2,2′- 二苯甲烷二异氰酸酯、4,4′- 二苯甲烷二异氰酸酯、2,4′- 二苯甲烷二异氰酸酯等多种异构体，其中应用最广泛的是 4,4′- 二苯甲烷二异氰酸酯。

有研究发现对小鼠不断给药，二苯甲烷二异氰酸酯材料在与血液接触后会快速分解，它相应的分解物为 4,4′- 二氨基二苯甲烷（MDA）。国际癌症研究组织（IARC）将 MDI 等级划分为 3 级，即对人类不具备致癌性，将 MDA 等级划分为 2B 级，即对人类可能具致癌性。对于聚氨酯类医疗器械，特别是与人体直接接触的医疗器械产品，需要对材料中的异氰酸酯单体残留量及其安全性影响进行评估。

1）检测原理

参考标准《一次性使用输液器具与药物相容性研究指南 第 2 部分：可沥滤物研究 已知物》（YY/T 1550.2—2019），利用 MDI 与甲醇发生衍生化反应，生成二苯甲烷二氨基甲酸甲酯（MDC），通过高效液相色谱法测定 MDC 的含量，推导出MDI 溶出量。

2）仪器

（1）高效液相色谱仪：配紫外检测器。

（2）电子分析天平。

（3）数显电子恒温水浴锅。

（4）旋转蒸发仪。

（5）0.45 μm 尼龙滤膜。

3）试剂

（1）4,4′- 二苯甲烷二异氰酸酯标准品。

（2）甲醇：色谱纯。

（3）水：超纯水。

（4）乙腈：色谱纯。

4）试剂配制

标准溶液的制备：称取 4,4′-MDI 标准品 10 mg，加入 100 mL 无水甲醇，于（37+1）℃水浴加热 72 h，40 ℃旋转蒸发至近干，用无水甲醇定容 10 mL，配成质量浓度为 1 mg/mL 的对照品储备溶液，4 ℃冰箱中冷藏，可放置 1 个月。临用前用无水甲醇稀释至适当浓度，备用。

5）分析步骤

（1）试样处理。取出样品中材质为聚氨酯的管路部分，剪碎至约 1 cm，称量质量后放入圆底烧瓶，加入 100 mL 甲醇并于（37+1）℃恒温水浴 72 h，得到浸提液。同样方法不加样品制备空白溶液。分别将浸提液和空白溶液在 40 ℃真空旋转蒸发，再加 2 mL 乙腈进行溶解，通过 0.45 μm 尼龙滤膜过滤，获得相应的供测试液和空白试液。

（2）液相色谱参考条件。

①色谱柱：C_{18} 柱，粒径 5 μm，4.6 mm × 250 mm。

②流速：1.0 mL/min。

③进样量：10 μL。

④检测波长：245 nm。

（3）标准曲线制备。分别配制浓度为 0.5 ~ 100 μg/mL 的 MDI 的甲醇衍生物 MDC 系列标准溶液，在给定的仪器条件下进行液相色谱分析，进样量 10 μL，以峰面积 y 对醇衍生物 MDC 标准溶液浓度 x（μg/mL）作标准曲线，求得标准曲线方程 $y_i=a_ix_i+b_i$（y 为试样中被测成分的峰面积）。

（4）色谱分析。取 10 ~ 20 μL 待测试样溶液注入色谱仪中，以保留时间定性，以试样峰面积通过标准曲线计算含量。

3.5.7 液相色谱仪在环境分析领域的应用实验项目

1）环境空气中醛、酮类化合物的测定

醛、酮类化合物是大气中主要的挥发性有机物污染之一，其既是一次污染物，源于化工、家具等行业的直接排放，又是二次污染物，生成于有机物的光氧化作用。由于醛酮类化合物有强烈的刺激性与毒性，易对人体产生严重危害，能通过光化学反应生成臭氧等化合物，对环境空气质量有着直接和间接的影响，近年来已引起政府和民众的关注。

（1）检测原理。环境空气和无组织排放监控点空气中的醛、酮类化合物在酸性介质中与吸收液中的 2,4- 二硝基苯肼（DNPH）发生衍生化反应，生成 2,4- 二硝基苯腙类化合物，用二氯甲烷 – 正己烷混合溶液或二氯甲烷萃取、浓缩后，更换溶剂为乙腈，经高效液相色谱分离，紫外或二极管阵列检测器检测。根据保留时间定性，外标法定量。

（2）仪器和设备。

①高效液相色谱仪：具有紫外或二极管阵列检测器和梯度洗脱功能。

②色谱柱：C$_{18}$柱，4.6 mm×250 mm×5.0 μm，pH 范围 2～11，填料为十八烷基硅烷键合硅胶（ODS）的双封端反相色谱柱或其他性能相近的色谱柱。

③空气采样器：采样流量 0.1～1.0 L/min。

④棕色多孔玻板吸收瓶：25 mL。

⑤棕色气泡吸收瓶：25 mL。

⑥浓缩装置：旋转蒸发装置或氮吹浓缩仪等性能相当的设备。

⑦分液漏斗：2 L 和 125 mL，聚四氟乙烯活塞。

⑧棕色试剂瓶：1 L。

⑨超声波清洗器。

⑩一般实验室常用仪器和设备。

（3）试剂与耗材。

①试剂。除非另有说明，分析时均使用符合国家标准的分析纯试剂，实验用水为新制备的超纯水。

a. 乙腈（CH$_3$CN）：色谱纯。

b. 二氯甲烷（CH$_2$Cl$_2$）：色谱纯。

c. 正己烷（C$_6$H$_{14}$）：色谱纯。

d. 盐酸（HCl）：ρ=1.19 g/mL，优级纯。

e. 2,4- 二硝基苯肼（DNPH）：$w \geqslant 98.0\%$。

f. 丙烯醛（C$_3$H$_4$O）：$w \geqslant 98.0\%$。

g. 丁烯醛（C$_4$H$_6$O）：$w \geqslant 98.0\%$。

h. 高纯氮气：纯度 ≥ 99.999%。

②耗材。滤膜：0.45 μm 聚四氟乙烯滤膜。

（4）试剂配制。

①二氯甲烷 – 正己烷混合溶液：体积比为 3：7，临用现配。

②无水硫酸钠（Na$_2$SO$_4$）：在 450 ℃下烘烤 4 h，冷却，于磨口玻璃瓶中密封保存。

③醛、酮类–DNPH 衍生物标准储备溶液：ρ=100 μg/mL（以醛、酮类化合物计）。直接购买市售有证的醛、酮类–DNPH 衍生物标准溶液，溶剂为乙腈，质量浓度以

醛、酮类化合物计。参考标准溶液证书进行保存，开封后于 4 ℃ 以下密闭、避光冷藏，可保存 2 个月。

④ DNPH 饱和吸收液。称取 DNPH 4.0 g 于棕色试剂瓶中，加入 180 mL 盐酸，再加入 820 mL 水，超声 30 min。形成饱和溶液，过滤。将过滤后的 DNPH 饱和溶液转移至 2 L 分液漏斗中，加入 60 mL 的二氯甲烷，萃取 3 min（注意放气），静置，待分层后，弃去下层有机相，再重复上述操作，萃取一次。最后用 60 mL 正己烷萃取，当有机相与 DNPH 溶液分层后，将下层的 DNPH 溶液转移至经乙腈冲洗并干燥的棕色试剂瓶中，密封，于装有活性炭的干燥器内保存。

（5）标准品及标准溶液制备。

① 醛、酮类–DNPH 衍生物标准使用溶液：ρ=10.0 μg/mL（以醛、酮类化合物计）。

移取 1.00 mL 醛、酮类–DNPH 衍生物标准储备溶液，置于 10 mL 容量瓶中，用乙腈稀释并定容至标线，混匀。于 4 ℃ 以下密闭、避光冷藏，可保存 2 个月。

② 醛、酮类化合物标准储备溶液：ρ=1 000 μg/mL。

直接购买市售有证的醛、酮类化合物标准溶液，溶剂为乙腈。参考标准溶液证书进行保存，开封后于 4 ℃ 以下密闭、避光冷藏，可保存两周。

③ 醛、酮类化合物标准使用溶液：ρ=100 μg/mL。

移取 1.00 mL 醛、酮类化合物标准储备溶液，置于 10 mL 容量瓶中，用乙腈稀释并定容至标线，混匀。于 4 ℃ 以下密闭、避光冷藏，可保存两周。

④ 丙烯醛标准储备溶液：ρ≈1 000 μg/mL。

称取丙烯醛 0.100 g，置于 100 mL 容量瓶中，用乙腈溶解并定容至标线，混匀。于 4 ℃ 以下密闭、避光冷藏，可保存 1 个月。

⑤ 丁烯醛标准储备溶液：ρ≈1 000 μg/mL。

称取丁烯醛 0.100 g，置于 100 mL 容量瓶中，用乙腈溶解并定容至标线，混匀。于 4 ℃ 以下密闭、避光冷藏，可保存 1 个月。

⑥ 丙烯醛和丁烯醛标准使用溶液：ρ≈100 μg/mL。

移取 1.00 mL 丙烯醛标准储备溶液、丁烯醛标准储备溶液于 10 mL 容量瓶中，用乙腈稀释并定容至标线，混匀。于 4 ℃ 以下密闭、避光冷藏，可保存 1 个月。

（6）分析步骤。

① 仪器参考条件：柱温箱温度 35 ℃，进样体积 10 μL，紫外检测器波长 360 nm。

梯度洗脱程序如表 3-11 所示，流动相 A 为乙腈，流动相 B 为水，流动相 C 为甲醇。

表3-11　环境空气中醛、酮类化合物的测定中流动相的梯度洗脱程序

时间(min)	流动相流速（ mL/min ）	乙腈体积含量(%)	水体积含量(%)	甲醇体积含量(%)
0	1.0	20	35	45
6	1.0	0	30	70
20	1.0	0	20	80
30	1.0	35	20	45
33	1.0	20	35	45

②校准。取一定量醛、酮类-DNPH 衍生物标准使用溶液，置于乙腈中，用乙腈稀释，配制浓度（以醛、酮类化合物计）分别为 0.10 μg/mL、0.20 μg/mL、0.50 μg/mL、1.00 μg/mL、2.00 μg/mL 和 4.00 μg/mL 的标准系列溶液。由低浓度至高浓度注入高效液相色谱仪，按仪器参考条件进行测定，得到不同浓度目标化合物的色谱图，记录保留时间和峰面积。以醛、酮类化合物浓度为横坐标，以对应化合物的峰面积为纵坐标建立标准曲线。

③试样测定。按照与标准曲线建立相同的仪器参考条件进行试样的测定，记录目标化合物的峰面积和保留时间。

④空白试验。按照与试样测定相同的仪器条件进行运输空白试样和实验室空白试样的测定。

（7）结果计算和表述。按下面的公式计算样品中醛、酮类化合物的质量浓度。

$$\rho = \frac{\left(\rho_i - \overline{\rho_0}\right) \times V \times D}{V_1}$$

式中：ρ——样品中目标化合物的质量浓度（mg/m³）；

ρ_i——由标准曲线得到试样中目标化合物的质量浓度（μg/mL）；

ρ_0——由标准曲线得到的 2 个空白实验中目标化合物质量浓度的平均值（μg/mL）；

V——试样的浓缩定容体积（mL）；

D——试样的稀释倍数;

V_1——采样体积(L)。

应按照相应质量标准和排放标准的要求,采用规定状态的采样体积。

2)环境空气中苯并[a]芘的测定

苯并芘,又名3,4-苯并芘,为无色至淡黄色的针状晶体,分子式为$C_{20}H_{12}$,是由一个苯环和一个芘分子结合而成的多环芳烃类化合物,是多环芳烃类化合物中致癌性最强的一种物质。

(1)检测原理。用超细玻璃(或石英)纤维滤膜采集环境空气中的苯并[a]芘,用二氯甲烷或乙腈提取,提取液浓缩、净化后,采用高效液相色谱分离,荧光检测器检测,根据保留时间定性,外标法定量。

(2)仪器和设备。

①高效液相色谱仪(HPLC):具有荧光检测器和梯度洗脱功能。

②色谱柱:4.6 mm × 250 mm,填料为5.0 μm的ODS-C_{18}(十八烷基硅烷键合硅胶)色谱柱或其他性能相近的色谱柱。

③采样器:大流量采样器工作点流量为1.05 m³/min;中流量采样器工作点流量为100 L/min;小流量采样器工作点流量为16.67 L/min。

④提取设备:低频超声波清洗器、索氏提取器或加压流体萃取仪等性能相当的提取设备。

⑤浓缩设备:氮吹浓缩仪、K-D浓缩仪或其他性能相当的设备。

⑥净化装置:固相萃取装置。

⑦一般实验室常用仪器设备。

(3)试剂与耗材。

①试剂。

a. 乙腈(CH_3CN):色谱纯。

b. 正己烷(C_6H_{14}):色谱纯。

c. 二氯甲烷(CH_2Cl_2):色谱纯。

d. 无水硫酸钠(Na_2SO_4):使用前于马弗炉450 ℃加热4 h,冷却,于磨口玻璃瓶中密封保存。

e. 二氯甲烷-正己烷混合溶液:体积比为3∶7,临用现配。

f. 苯并[a]芘标准储备溶液。

g. 苯并 [a] 芘标准中间溶液。

h. 苯并 [a] 芘标准使用溶液。

②耗材。

a. 超细玻璃（或石英）纤维滤膜：根据采样头选择相应规格的滤膜。滤膜对 0.3 μm 标准粒子的截留效率不低于 99%，使用前在马弗炉中于 400 ℃加热 5 h 以上，冷却后保存于滤膜盒中，保证滤膜在采样前和采样后不被沾污，并在采样前处于平展状态。

b. 硅胶固相萃取柱：1 000 mg/6 mL，亦可根据杂质含量选择适宜容量的商业化固相萃取柱。

c. 有机相针式滤器：13 mm × 0.45 μm，聚四氟乙烯或尼龙滤膜。

（4）试剂配制。

a. 二氯甲烷 – 正己烷混合溶液：体积比为 3：7，临用现配。

b. 苯并 [a] 芘标准储备溶液：ρ=100 μg/mL，溶剂为乙腈，直接购买市售有证标准溶液，参考标准溶液证书进行保存。

（5）标准品及标准溶液制备。

a. 苯并 [a] 芘标准中间溶液：ρ=10.0 μg/mL。准确移取 1.00 mL 苯并 [a] 芘标准储备溶液至 10 mL 容量瓶中，用乙腈定容，混匀。4 ℃以下密封避光冷藏保存，保存期 1 年。

b. 苯并 [a] 芘标准使用溶液：ρ=2.00 μg/mL。准确移取 1.00 mL 苯并 [a] 芘标准中间溶液至 5 mL 容量瓶中，用乙腈定容，混匀。4 ℃以下密封避光冷藏保存，保存期 6 个月。

（6）分析步骤。

①提取。

a. 超声波提取。除去滤膜边缘无尘部分，将滤膜分成 n 等份，取其中一份滤膜切碎，放入具塞瓶内，加入适量二氯甲烷超声提取 15 min，提取液用无水硫酸钠干燥，转移至浓缩瓶中，重复提取三次，合并提取液，待浓缩、净化。通常整张直径 9 cm 滤膜，每次需加入 35 mL 提取溶剂。

如果采用乙腈超声提取，将切碎的滤膜放入 10 mL 具塞瓶内，准确加入 5.0 mL 乙腈超声提取 15 min，静置，提取液用有机相针式滤器过滤，弃去 1 mL 初始液，将滤液收集于样品瓶中待测。

b.索氏提取。将滤膜放入索氏提取器中，加入100 mL 二氯甲烷，回流提取16 h，每小时回流不少于5次。提取完毕，冷却至室温，取出底瓶，冲洗提取杯接口，清洗液一并转移至底瓶。提取液用无水硫酸钠干燥，转移至浓缩瓶中，待浓缩、净化。

c.自动索氏提取。将滤膜放入自动索氏提取器中，加入100 mL 二氯甲烷，回流提取至少40个循环。提取完毕，冷却至室温，取出底瓶，冲洗提取杯接口，清洗液一并转移至底瓶。提取液用无水硫酸钠干燥，转移至浓缩瓶中，待浓缩、净化。

d.加压流体萃取。将滤膜放入加压流体萃取池中，设定萃取温度100 ℃，压力1 500 ～ 2 000 Psi，静态萃取5 min，二氯甲烷淋洗体积为60 % 池体积，氮气吹扫60 s，静态萃取至少2次。萃取液用无水硫酸钠干燥，转移至浓缩瓶中，待浓缩、净化。

②净化。将硅胶固相萃取柱固定于净化装置。依次用4 mL 二氯甲烷10 mL 正己烷冲洗柱床，待柱内充满正己烷后关闭流速控制阀，浸润5 min 后打开控制阀，弃去流出液。当液面稍高于柱床时，将浓缩后的样品提取液转移至柱内，用1.0 mL 二氯甲烷 – 正己烷混合溶液洗涤样品瓶2次，将洗涤液一并转移至柱内，接收流出液，用8.0 mL 二氯甲烷 – 正己烷混合溶液洗脱，待洗脱液流过净化柱后关闭流速控制阀，浸润5 min，再打开控制阀，接收洗脱液至完全流出。

洗脱液浓缩并将溶剂转换为乙腈定容至1.0 mL，转移至样品瓶中待测。

③测定。

a.仪器参考条件：柱箱温度35 ℃；进样量10 μL；荧光检测器的激发波长（λ_{ex}）/发射波长（λ_{em}）为305 nm/430 nm。

梯度洗脱程序如表3-12所示，流动相A为乙腈，流动相B为水。

表3-12 环境空气中苯并[a]芘的测定中的流动相梯度洗脱程序

时间(min)	流动相流速（mL/min）	流动相A的体积含量（ % ）	流动相B的体积含量(%)
0	1.2	65	35
27	1.2	65	35
41	1.2	100	0
45	1.2	65	35

b. 标准曲线的建立。分别移取适量苯并 [a] 芘标准使用溶液，用乙腈稀释，制备标准系列，质量浓度分别为 0.025 μg/mL、0.050 μg/mL、0.100 μg/mL、0.500 μg/mL、1.00 μg/mL、2.00 μg/mL。将标准系列溶液依次注入高效液相色谱仪，按照仪器参考条件分离检测，得到各浓度的苯并 [a] 芘的色谱图。以浓度为横坐标，以其对应的峰高（或峰面积）为纵坐标，绘制标准曲线。

c. 试样测定。按照与标准曲线绘制相同的仪器条件进行试样的测定，记录色谱峰的保留时间和峰高（或峰面积）。当试样浓度超出标准曲线的线性范围时，用乙腈稀释后，再进行测定。

（7）结果计算和表述。

a. 定性分析。依据保留时间定性，与标准曲线中间点保留时间相比变化不得超过 ±10 s。

b. 定量分析。根据化合物的峰高（或峰面积），采用外标法定量。

c. 结果计算。样品中苯并 [a] 芘的质量浓度按照以下公式进行计算。

$$\rho = \frac{\rho_i \times V \times 1\,000}{V_s \times (1/n)}$$

式中：ρ——样品中苯并 [a] 芘的质量浓度（ng/m³）；

ρ_i——由标准曲线得到试样中苯并 [a] 芘的质量浓度（μg/mL）；

V——试样体积（mL）；

V_s——实际采样体积（m³）；

$1/n$——分析用滤膜在整张滤膜中所占的比例。

4 气相色谱仪管理与应用

气相色谱法也叫气体色谱法或气相层析法，它是一种以气体为流动相，采用冲洗法的柱色谱分离技术。它分离的主要依据是利用样品中各组分在色谱柱中气相和固定相的分配系数不同来达到使样品中各组分分离的目的。气相色谱法具有高效能、高选择性、高灵敏度、快速、应用范围广和样品使用量少等优点。主要表现在以下方面：一是高效能。用毛细管柱，一次可以分析食品中超过 100 个组分，成为食品风味分析的重要工具。二是高灵敏度。气相色谱法可分析 10^{-11} g 的物质，在痕量分析上，它可以鉴定出超纯气体、高分子单体和纯有机物中含有 1 PPm 甚至 0.1 PPb 的杂质。三是快速。一般只需几分钟或几十分钟便可完成一个分析周期。四是应用范围广。气相色谱法不仅可以分析气体，还可以分析液体和固体。

4.1 气相色谱实验室环境要求

气相色谱仪属于精密分析仪器，对于环境温度、湿度、电压力和电流等都有相应的要求。《实验室气相色谱仪》（GB/T 30431—2020）规定，气相色谱仪正常工作条件如下。

（1）环境温度：5 ~ 35 ℃。

（2）相对湿度：20% ~ 80%。

（3）周围无强电磁场干扰，无腐蚀性气体和无强烈震动。

（4）供电电源：交流电压（220 ± 22）V，频率（50 ± 0.5）Hz。

（5）接地要求：仪器可靠接地（接地电阻 ≤ 4 Ω）。

（6）通风良好，无强烈对流。

教学类气相色谱实验室主要包括前处理实验室和上机实验室。以 30 人教学班级为例，教学类气相色谱实验室前处理操作实验室主要设备包含操作台、通风橱、样品柜、试剂柜、耗材柜、通风装置、废弃物存放处、讲台、投影仪、空调、气瓶柜等，其布局如图 4-1 所示。气瓶柜可以放置氮气，通过管路接至通风橱内，用于部分样品氮吹浓缩使用。教学类气相色谱实验室上机实验室主要设备包含空调、通风装置、样品柜、试剂柜、耗材柜、操作台、讲台、投影仪、气相色谱仪、气瓶柜等，其布局如图 4-2 所示。气瓶柜可以放置氮气（必须使用高纯氮气），通过管路与气相色谱仪连接，用于上机使用。

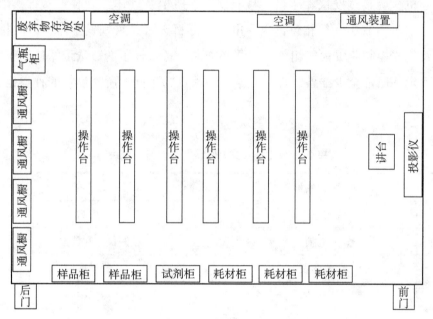

图 4-1　教学类气相色谱实验室前处理操作实验室布局图

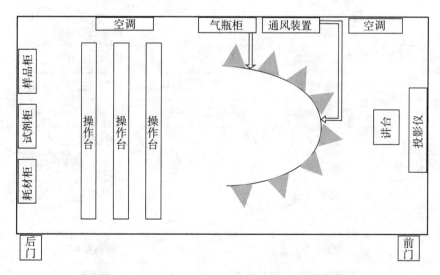

图 4-2　教学类气相色谱实验室上机实验室布局图

4.2 气相色谱实验室配置要求

气相色谱实验室主要设备如表4-1所示，包含气相色谱仪、电脑、投影仪、空调、分析天平、氢气发生器、氮吹仪、恒温恒湿箱、UPS电源、万向排烟罩、通风橱、离心机、旋转蒸发仪、冰箱、移液器、气瓶柜及气体控制装置、石墨消解仪、涡旋混合器等。其中，气相色谱仪、电脑、分析天平、氢气发生器、万向排烟罩、气瓶柜及气体控制装置为气相色谱检测必需的设备。设备的数量依据使用频率和使用人数而定，通常至少准备2套。依据检测项目的不同，所需设备的种类也会有所不同。

表4-1   气相色谱实验室主要设备一览表

序　号	仪器名称	功　能
1	气相色谱仪	检测
2	电脑	控制仪器和数据计算
3	投影仪	教学展示
4	空调	控温控湿
5	分析天平	样品称量
6	氢气发生器	气相色谱仪气体来源
7	氮吹仪	样品前处理
8	恒温恒湿箱	样品前处理
9	UPS电源	保证高效气相色谱仪电源稳定
10	万向排烟罩	通风
11	通风橱	样品前处理，通风
12	离心机	样品前处理
13	旋转蒸发仪	样品前处理
14	冰箱	样品存放
15	移液器	样品移取
16	气瓶柜及气体控制装置	氮气钢瓶存放及连接

序 号	仪器名称	功 能
17	石墨消解仪	样品消化前处理
18	涡旋混合器	样品前处理

市场上部分气相色谱仪型号和性能指标如表 4-2 所示。

表4-2 市场上部分气相色谱仪型号和性能指标

气相色谱仪型号	主要性能指标
磐诺 A60	操作温度范围为高于室温 +4 ～ 450 ℃；可设定程序升温 30 阶 31 平台；温度控制精度 0.1 ℃；可设定最高升温速率 120 ℃ /min；柱箱冷却降温（22 ℃室温）从 450 ℃ 降到 50 ℃ 小于 360 s；最高使用温度 450 ℃；柱头压力控制设定精度 0.01 psi；流量设定精度 0.001 mL/min；程序升压 / 升流 3 阶；检出限 ≤ 2.0 pg C/s（正十六烷）；基线漂移（30min）≤ 3 × 10⁻¹³ A；基线噪声 ≤ 5 × 10⁻¹⁴ A
福立 GC 9790Plus	柱箱温度控制室温上 6 ～ 400 ℃；温度控制精度 ±0.1 ℃；程序升温 ≥ 27 阶；升温速率 0.1 ～ 40 ℃ /min；柱箱温度从 200 ℃降至 100 ℃时间不大于 3 min；最高使用温度 400 ℃；程序压力 / 流量 / 线速度最大 8 阶；压力控制精度 0.01 psi；压力控制范围 0 ～ −100 psi；最小检测限 ≤ 5 × 10⁻¹² g/s（正十六烷）；基线噪音 ≤ 4 × 10⁻¹⁴ A；基线漂移 ≤ 5 × 10⁻¹⁴ A/30 min（仪器稳定 2 h 后）
瑞利 SP-3510	室温以上 5 ～ 450 ℃；最大升温速率 50 ℃ /min；室温每变化 1 ℃柱温变化 < 0.01 ℃；最高设定温度 450 ℃；检测限 ≤ 1.5 × 10⁻¹² g/s（n-C₁₆）；噪声 ≤ 10 μV（1.0 × 10⁻¹⁴ A）；漂移 ≤ 100 μV（1.0 × 10⁻¹³ A）
岛津 GC-2014C	进样口总流量设定范围 0 ～ 1 200 mL/min；进样口最高使用温度 420 ℃；升温速度 250 ℃ /min；柱温箱温度范围室温 +10 ～ 400 ℃；柱温箱冷却速度：300 ～ 50 ℃，小于 6 min
安捷伦 7890B	温度范围为室温以上 4 ～ 450 ℃；温度设定温度 1 ℃；程序设定升温速率 0.1 ℃；升温速率 0.1 ～ 120 ℃ /min；程序升温 20 阶 21 平台；温度从 450 ℃降至 50 ℃不多于 6 min（22 ℃室温下）；最高使用温度 400 ℃；压力设定范围 0 ～ 150 psi，控制精度 0.001 psi；最低检测限 <1.4 pg C/s
上海佑科 G61	温度范围室温上 4 ～ 450 ℃（增量 1 ℃）；柱箱控温精度优于 ±0.01 ℃；柱箱程序升温 23 阶程升；程升速率设定为 0.1 ～ 39 ℃ /min（普通型）；0.1 ～ 80 ℃ /min（高速型）；程序降温从 260 ℃降至 50 ℃只需 6 min 左右；检测限 ≤ 6 × 10⁻¹² g/s（正十六烷）；基线噪声 ≤ 1.8 × 10⁻¹³ A；基线漂移 ≤ 6 × 10⁻¹² A/30 min

气相色谱仪型号	主要性能指标
珀金埃尔默 Clarus 580	控温范围室温以上 5 ℃至 450 ℃；工作温度 100 ～ 450 ℃；最低检出限 < 3 × 10⁻¹² gC/sec 壬烷；开机稳定时间小于 40 min
仪电 GC126N	温度范围室温上 5 ～ 400 ℃；控温精度 ±0.1 ℃；程序升温 9 阶 /10 平台；最大升温速率 60 ℃ /min；检测限 ≤ 3 × 10⁻¹² g/s，正十六烷（最小检测量 3 pg/s）

气相色谱仪可以配置不同的检测器，通常可以配置一个或多个检测器。表 4-3 介绍了气相色谱仪检测器的主要种类及功能。气相色谱仪检测器主要分为氢火焰离子化检测器（FID）、热导检测器（TCD）、电子捕获检测器（ECD）、火焰光度检测器（FPD）和氮磷检测器（NPD）。氢火焰离子化检测器是气相色谱仪常用的检测器。

表4-3　气相色谱仪检测器主要种类及功能表

检测器名称	适用样品	特　点
氢火焰离子化检测器（FID）	用于微量有机物分析	灵敏度高、线性范围宽、操作条件不苛刻、噪声小、死体积小，是有机化合物检测常用的检测器
热导检测器（TCD）	用于常量、半微量分析，对有机物、无机物均有响应	几乎对所有的物质都有响应，是目前应用广泛的通用型检测器
电子捕获检测器（ECD）	用于有机氯农药残留分析	灵敏度高、选择性好。已广泛应用于有机氯和有机磷农药残留量、金属配合物、金属有机多卤或多硫化合物等的分析测定
火焰光度检测器（FPD）	用于有机磷、硫化物的微量分析	对含硫和含磷的化合物有比较高的灵敏度和选择性
氮磷检测器（NPD）	用于有机磷、含氮化合物的微量分析	对氮、磷化合物的检测灵敏度高，选择性强，线性范围宽。目前已成为测定含氮化合物比较理想的气相色谱检测器，对含磷化合物的灵敏度也高于 FPD

4.3　气相色谱实验室日常管理要求

气相色谱实验室日常管理通常需要关注使用环境、仪器使用频率、气体钢瓶，强化日常管理，对于保障实验室的使用效率和使用安全有重要的作用。表 4-4、表

4-5、表 4-6、表 4-7 分别为气相色谱实验室使用记录表、气相色谱实验室例行检查清单、气相色谱实验室专项检查记录表、气相色谱实验室使用统计表，这些表格为实验室日常精准管理提供了参考。表 4-8 气相色谱实验室维修记录表则对气相色谱仪的维护提供了参考。

表4-4 气相色谱实验室使用记录表

序　号	实验室名称	仪器型号和名称	样品名称	气体钢瓶	使用时间	使用人

表4-5 气相色谱实验室例行检查清单

序　号	检查事项	检查结果打"√"	备　注
1	教学签到表是否填写		
2	教学实训工作日志是否填写		
3	实训室使用登记表是否填写		
4	卫生是否干净（地面、桌面、水池等）		
5	灯是否全部关闭		
6	窗户是否全部关闭		
7	门是否关闭（前后门）		
8	气相色谱仪是否干净无尘		
9	气体钢瓶是否关闭		
10	空调是否关闭		
11	电源总闸是否关闭		
12	实验室桌面是否整洁		

表4-6　气相色谱实验室专项检查记录表

序　号	实验室名称	仪器型号和名称	卫生情况	仪器是否有异常状况	使用时间	使用记录表是否填写完整	检查时间	检查人

表4-7　气相色谱实验室使用统计表

序　号	实验室名称	仪器型号和名称	使用机时	培训人数	测样数	教学实验项目数	科研项目数	社会服务项目数	责任人

表4-8　气相色谱实验室维修记录表

序　号	实验室名称	仪器型号和名称	故障原因	故障发生时间	简要维修过程	维修时间	维修人

4.4　气相色谱仪常见故障分析及解决方案

　　表4-9罗列了气相色谱仪常见故障及解决方案，可为操作人员自行解决部分问题提供参考。

表4-9 气相色谱仪常见故障分析及解决方案

序 号	常见故障	原因分析	解决方案
1	顶空进样器，经常可能出现的问题是加压的压力阀堵塞	样品在高温顶空气的带动下经过压力阀，长期浸润后冷凝析出并造成堵塞，后影响进样体积不准确，严重时会不出峰	必须更换
2	出现鬼峰	由于二甲基亚砜或N,N–二甲基甲酰胺等高沸点试剂作溶剂时，在管路中容易吸附，不容易洗脱出来，会出现鬼峰	管路在不同项目之间切换时，一定要提前冲洗干净。可以先用前一个项目的溶剂进行多针清洗，再用不同极性的溶剂（如1%丙酮、1%甲醇等）水溶液清洗，最后以空瓶进样收尾
3	FID 使用时经常会因为喷嘴堵塞而点火异常	因为在长期多种化工原料或药物的分析中，一些不挥发沉积物滞留在喷嘴上，导致喷嘴气流不通畅，点火失败	需要定期清洗与更换。一般是拆卸下来，用通针（可用针灸针代替）疏通，再用丙酮超声清洗，然后放在105 ℃烘箱中烘干。注意有的喷嘴中部有陶瓷密封，注意轻拿轻放，不能弄碎，不然会漏气，影响使用。操作过程戴手套不能直接用手触摸，防止手上的油脂污染喷嘴
4	点火异常	长期不开机；色谱柱插入离火点接头的位置不太好；点火线圈断裂	长期不开机，会影响点火，需要高温（约300 ℃）烘烤检测器，等蒙蔽的水汽烘干后，点火就容易得多；有时色谱柱插入离点火接头的位置不太好时，空气与氢气混合不彻底，也会导致点火难，可借人力吹气或扇风，加速空气与氢气的混合，加快点火；检查点火线圈是否断裂，通常通电时呈通红的状态，断裂后无反应

序　号	常见故障	原因分析	解决方案
5	随着 ECD 的长时间使用，本底噪声或者输出值会越来越大	由于镍放射源有辐射性，在维护时不能拆卸，如果损坏淘汰，也不能随意丢弃	必须联系厂家，让专门的回收人员清理。要清除污染，只能通过对检测器进行热清洗。将色谱柱从检测器端卸下放空，用死堵封住检测器接头，将检测器温度设为 300 ～ 350 ℃，尾吹气设为每分钟 60 mL，柱温箱温度设置为正常的老化程序，一边进行检测器热清洗，一边可老化色谱柱，6 h 或更长时间后，将系统冷却至正常操作温度，基线平衡至 100 ～ 300 Hz 水平才能进样。另外，取下衬管、隔垫与 O 型圈等检查，如果损坏或沾染了样品或石墨则需更换。值得注意的是，检测器出口排气管线必须通往室外
6	信号输出异常，基线异常	电光倍增器因为仪器短路烧坏，造成信号不出	排除其他一般的原因后，可以检查电光倍增器是否有损坏
7	仪器内部的吹扫清洁	气相色谱仪内部组件包括电路板，可能因静电吸附，附着大量灰尘，建议定期进行吹扫清洁	在电源关闭后，打开仪器的面板，用氮气或压缩空气对面板进行吹扫。用氮气吹扫时，注意防止低氧窒息，应打开吸顶罩通风。对仍有污垢的地方，可用水或有机溶剂酌情清理。电路板清洗时应戴绝缘手套操作，防止静电或手上的油脂对电子元件造成损坏

4.5　典型气相色谱仪应用实验项目

4.5.1　气相色谱使用简要流程

以 FID 检测器为例，其使用流程如下。

（1）打开氮气、空气、氢气。

（2）打开气相色谱仪电源开关。

（3）设定进样器温度、柱箱温度、检测器温度。

（4）打开电脑工作站，打开柱箱最小化。

（5）设置方法，温度平衡后，点击点火。

（6）进样和进样后操作。

（7）关机时，先关闭点火，各部位降温，然后关计算机，最后关气相色谱仪和气路。

（8）填写仪器使用登记本。

4.5.2　气相色谱仪在食品安全领域的应用实验项目

1）可乐饮料中有机磷农药残留量的测定

有机磷农药残留易通过生物链富集在人体内，对人们身体健康造成极大的危害。因此有机磷农药的监测，尤其是饮用水中有机磷农药的监测对保证人类健康和生物的安全具有重要意义。

（1）检测原理。参考《食品安全国家标准　可乐饮料中有机磷、有机氯农药残留量的测定　气相色谱法》（GB 23200.40—2016），试样中有机磷残留经乙酸乙酯萃取，旋转蒸发浓缩，固相萃取柱净化，使用气相色谱火焰光度检测器测定，外标法定量。

（2）仪器和设备。

①气相色谱仪：配电子俘获检测器（ECD）和火焰光度检测器（FPD）磷滤光片。

②分析天平：感量 0.01 g 和 0.000 1 g。

③离心机：5 000 r/min。

④吹氮浓缩仪。

⑤固相萃取装置。

⑥旋转蒸发装置。

⑦分液漏斗：500 mL。

⑧磨口玻璃圆底烧瓶：500 mL。

⑨玻璃砂芯漏斗。

⑩聚丙烯具塞离心管：15 mL。

⑪旋涡混合器。

（3）试剂与耗材。

①正己烷（C_6H_{14}）：色谱纯。

②甲醇（CH_3OH）：色谱纯。

③乙酸乙酯（$C_4H_8O_2$）：优级纯。

④无水硫酸钠（Na_2SO_4）：经650 ℃灼烧4 h，置于干燥器中备用。

⑤氯化钠（NaCl）。

⑥氢氧化钠（NaOH）。

⑦浓硫酸（H_2SO_4）：优级纯。

⑧HLB固相萃取小柱：60 mg，3 mL，也可选用性能与之相当者。

（4）试剂配制。

①甲醇-水溶液（体积比为5∶95）：量取5 mL甲醇与95 mL水混合。

②甲醇-水溶液（体积比为10∶90）：量取10 mL甲醇与90 mL水混合。

③氢氧化钠溶液（1 mol/L）：称20 g氢氧化钠，用水溶解并定容至500 mL。

（5）标准品。

（6）标准溶液配制。

①有机磷农药标准储备溶液：准确称取适量的敌敌畏、毒死蜱、马拉硫磷、对硫磷，分别用丙酮溶解并定容至棕色容量瓶中，浓度相当于1 000 mg/L，储备溶液于-18 ℃以下保存。

②有机磷混合标准中间溶液：准确吸取适量敌敌畏、毒死蜱、马拉硫磷、对硫磷标准储备溶液于棕色容量瓶中，用丙酮定容至刻度，各种有机磷农药标准溶液的浓度为10 mg/L，此中间溶液于-18 ℃以下保存。

③有机磷混合标准工作溶液：用乙酸乙酯将混合标准中间溶液按需要逐级稀释，配制为4种有机磷农药混合标准工作溶液，混合标准工作溶液在0～4 ℃保存。

（7）分析步骤。

①提取。取可乐样品于烧杯中，放置60 min，并用玻璃棒搅拌排气。准确称取150 g（精确至0.01 g）可乐样品，加入1 mol/L的氢氧化钠溶液，调节溶液pH至7左右。将调节至中性的可乐样品转移至500 mL分液漏斗中，加入15 g氯化钠和100 mL乙酸乙酯，剧烈振荡2 min并不时排气，静置10 min后，取上层有机相，过预先填充的无水硫酸钠柱（在玻璃砂芯漏斗中装入15 g左右无水硫酸钠，并用20 mL乙酸乙酯淋洗），收集于500 mL圆底烧瓶中。在分液漏斗中分两次加入200 mL乙酸乙酯，每次100 mL，重复以上提取步骤，合并提取液，于40 ℃水浴下旋转蒸发至3～4 mL，转移至15 mL离心管中，用9 mL正己烷分三次洗涤圆底烧瓶，合并洗涤液于15 mL离心管中，40 ℃水浴下吹氮至近干。

②净化。HLB 固相萃取柱使用前分别用 3 mL 乙酸乙酯淋洗一次，3 mL 甲醇和 3 mL 水预处理两次，保持柱体湿润。将上述提取液用 5 mL 10% 甲醇水溶液溶解，以 1 滴 / 秒速率过 HLB 固相萃取柱，弃去流出液，再用 10 mL 5% 甲醇水溶液润洗离心管并上 HLB 柱，弃去从 HLB 柱流出的润洗液，真空排干小柱 10 min。用 9 mL 乙酸乙酯进行洗脱，收集洗脱液于 15 mL 离心管中，加入 3 g 无水硫酸钠，振荡 3 min，在转速为 5 000 r/min 的条件下离心 2 min，将溶液转移至另一离心管中，于 40 ℃水浴中吹氮浓缩至近干，用乙酸乙酯定容至 1.0 mL，供气相色谱 FPD 测定。

③测定。

a. 气相色谱电子俘获检测仪器参考条件：色谱柱为 DB-5 石英毛细管柱，30 m × 0.32 mm（内径），膜厚 0.25 μm，也可选用性能与之相当者；色谱柱初始温度 80 ℃，维持 1 min，以 30 ℃ /min 的升温速度升温至 180 ℃，以 3 ℃ /min 的升温速度升温至 205 ℃，维持 4 min，以 2 ℃ /min 的升温速度升温至 210 ℃，维持 1 min，后运行温度为 280 ℃，维持 1 min；进样口温度 250 ℃；检测器温度 300 ℃；载气为氮气，纯度 99.999%，恒压 0.135 MPa；进样量 1 μL；进样方式为分流进样，分流比 12∶1。

b. 色谱测定与确证。待测溶液进气相色谱电子俘获检测，根据样液中被测有机磷残留的含量情况，选定峰面积相近的标准工作溶液。标准工作溶液和样液中有机磷残留的响应值均应在仪器的检测线性范围内。对混合标准工作溶液和样液等体积分组分参差进样测定，外标法定量。有机磷农药的保留时间如表 4-10 所示。

表4-10　有机磷农药的基本信息和保留时间

序　号	农药中文名称	农药英文名称	CAS 号	分子式	分子量	保留时间（min）
1	敌敌畏	dichlorvos	62-73-7	$C_4H_7Cl_2O_4P$	220.98	4.750
2	毒死蜱	chlorpyrifos	2921-88-2	$C_9H_{11}Cl_3NO_3PS$	350.59	11.246
3	马拉硫磷	malathion	121-75-5	$C_{10}H_9O_6PS_2$	330.36	12.028
4	对硫磷	parathion	56-38-2	$C_{10}H_{14}NO_5PS$	291.26	13.250

④空白实验。除不加试样外，均按上述测定步骤进行。

（8）结果计算和表述。按下式计算试样中有机磷农药化合物的含量。

$$X = \frac{A \times C_s \times V}{A_s \times m}$$

式中：X——样品中有机磷农药化合物含量（mg/kg）；

　　　A——样液中有机磷农药化合物峰面积；

　　　A_s——标准工作溶液中有机磷农药化合物峰面积；

　　　C_s——标准工作溶液中有机磷农药化合物浓度（mg/L）；

　　　m——称取的试样量（g）；

　　　V——样液最终定容体积（mL）。

计算结果应扣除空白值，测定结果用平行测定的算术平均值表示，保留两位有效数字。

2）粮谷及油籽中二氯喹啉酸残留量的测定

二氯喹啉酸是喹啉羧酸类激素型特效选择性除草剂，残留期长、易对后茬作物产生影响，扩散至环境中的二氯喹啉酸会对动物、藻类等产生威胁，导致动物生长发育不良、生殖异常和变态发育。

（1）检测原理。试样用丙酮提取，旋转蒸发至干后用水溶解，二氯甲烷液液萃取净化后甲酯化，然后经硅酸镁柱净化，用气相色谱仪测定，用外标法定量。

（2）仪器和设备。

①气相色谱仪：配电子俘获检测器。

②分析天平：感量 0.01 g 和 0.000 1 g。

③振荡器。

④旋转蒸发仪。

⑤分液漏斗。

⑥固相萃取装置：带真空泵。

（3）试剂与耗材。

①丙酮（C_3H_6O）：色谱纯。

②碳酸氢钠（$NaHCO_3$）：色谱纯。

③氢氧化钠（$NaOH$）。

④二氯甲烷（CH_2Cl_2）：色谱纯。

⑤硫酸（H_2SO_4）。

⑥无水硫酸钠（Na_2SO_4）：经 650 ℃灼烧 4 h，置干燥器中备用。

⑦石油醚。

⑧乙醚（$C_4H_{10}O$）：重蒸馏。

⑨氢氧化钾（KOH）。

（4）试剂配制。

①硫酸溶液：3 mol/L。

②氢氧化钠溶液：1 mol/L。

③氢氧化钾溶液：10 mol/L。

④重氮甲烷：置 4 mL 乙醚和 2 mL 氢氧化钾溶液于反应管中，加入 5 mL 用乙醚溶解的 2 g N- 甲基 -N- 亚硝基 -4- 甲苯磺酸胺的溶液，平稳吹氮气 5 min，收集反应管中乙醚溶液。

（5）标准品及标准溶液制备。

①二氯喹啉酸标准品：纯度 ≥ 99%。

②标准溶液配制。

a. 二氯喹啉酸标准储备溶液：准确称取适量的二氯喹啉酸标准品，用少量丙酮溶解，并用石油醚配制成 1 000 μg/mL 的标准储备溶液，避光于 0 ～ 4 ℃保存。

b. 二氯喹啉酸标准工作溶液：根据工作需要用石油醚稀释成适用浓度的标准工作溶液。

（6）分析步骤。

①提取。称取 20 g（精确至 0.01 g）试样于 250 mL 具塞锥形瓶中，加入 100 mL 丙酮，振荡提取 30 min，将提取液过滤于 250 mL 心形瓶中，用 50 mL 丙酮分两次洗涤残渣，洗涤液经过滤后合并于上述心形瓶中，于 40 ℃水浴中减压蒸发至近干，加入 10 mL 水和 5 g 碳酸氢钠。溶解后，加入约 2 mL 氢氧化钠溶液，调 pH 为（9 ± 0.2）。充分混合后移入分液漏斗中，用 20 mL 水分两次洗涤，溶液合并于分液漏斗中。

于上述分液漏斗中加入 100 mL 二氯甲烷，振摇 5 min，静置分层，弃去下层有机相，再用 2 × 50 mL 二氯甲烷重复洗涤水相两次。于水相中加入约 5 mL 硫酸溶液，使 pH 为（2 ± 0.2）。加入 100 mL 二氯甲烷，振荡提取 5 min，静置分层。分出下层有机相于锥形瓶中，水相再用 2 × 50 mL 二氯甲烷重复提取两次，合并有机相。经无水硫酸钠脱水，置于具塞心形瓶中，于 40 ℃水浴中旋转浓缩至近干，加入 2 mL 丙酮以溶解残渣。

②衍生化。于上述丙酮溶液中加入 5 mL 重氮甲烷溶液，密封，置 60 ℃ 水浴中反应 10 min，蒸除溶剂，用 5 mL 石油醚溶解。

③净化。将硅酸镁固相萃取柱安装在固相萃取装置上，先用 6 mL 石油醚预淋洗，弃去。将溶液倾入固相萃取柱，待全部流出后，再用 10 mL 石油醚分两次淋洗固相萃取柱，弃去。用 10 mL 丙酮 – 石油醚（体积比 9 ∶ 1）洗脱，保持流速 1.5 mL/min，收集全部流出液，45 ℃ 下氮气流吹至近干。用石油醚溶解并移入容量瓶中定容至 1.0 mL，用气相色谱仪测定。

④标准物质衍生化。准确移取适当浓度的二氯喹啉酸标准工作溶液于具塞心形瓶中，于 40 ℃ 水浴中旋转浓缩至近干，加入 2 mL 丙酮以溶解残渣，以下按步骤②进行操作。

⑤测定。

a. 气相色谱参考条件：色谱柱为 BP10 石英毛细管柱，30 m × 0.25 mm，膜厚 0.25 μm，也可选用性能与之相当者；色谱柱温度 240 ℃；进样口温度 280 ℃；检测器温度 290 ℃；载气为氮气，纯度 ≥ 99.995％，流速 10 mL/min；进样量 1 μL；尾吹气为氮气，纯度 ≥ 99.995％，流速 50 mL/min。

b. 色谱测定。根据样液中被测农药的含量情况，选定浓度相近的标准工作溶液。标准工作溶液和待测样液中甲基化农药的响应值均应在仪器检测的线性范围内。对标准工作溶液与样液等体积参插进样测定。在上述色谱条件下，二氯喹啉酸甲酯的保留时间约为 3 min。

⑥空白实验。除不加试样外，均按上述测定步骤进行。

⑦结果计算和表述。用色谱数据处理机或按下式计算试样中二氯喹啉酸农药的含量。

$$X = \frac{h \times c \times V}{h_s \times m}$$

式中：X——试样中二氯喹啉酸残留含量（mg/kg）；

h——样液中二氯喹啉酸甲酯的色谱峰高（mm）；

h_s——标准工作溶液中二氯喹啉酸甲酯的色谱峰高（mm）；

c——标准工作溶液中二氯喹啉酸的浓度（g/mL）；

V——标准工作溶液最终定容体积（mL）；

m——最终样液所代表的试样量（g）。

计算结果应扣除空白值，测定结果用平行测定的算术平均值表示，保留两位有效数字。

3）肉及肉制品中西玛津残留量的检测

西玛津属于低毒农药，是高效、安全、内吸传导型优良除草剂，主要通过植物的根部吸收药剂，并分布到植物的各个部分，使植物变黄而死亡。西玛津可通过食物链进入人体，破坏神经系统的正常功能，干扰人体内激素的平衡，可能癌性和致畸。

（1）检测原理。试样经二氯甲烷－甲醇混合溶液提取，提取液经弗罗里硅土柱净化，用配有氮磷检测器的气相色谱仪测定，外标法定量。

（2）仪器和设备。

①气相色谱仪：配氮磷检测器。

②分析天平：感量 0.01 g 和 0.000 1 g。

③旋转蒸发器。

④弗罗里硅土柱：玻璃柱，40 cm（长）×1.5 cm（内径），自上而下依次填装 2 cm 高无水硫酸钠、10 g 弗罗里硅土、2 cm 高无水硫酸钠。使用前用丙酮－石油醚混合液（体积比为 15 ： 85）预淋洗。

⑤超声波水浴。

（3）试剂和耗材。除另有规定外，所有试剂均为分析纯，水为符合《分析实验室用水规格和试验方法》（GB/T 6682—2008）中规定的一级水。

①试剂。无水硫酸钠（Na_2SO_4）：经 650 ℃灼烧 4 h，置干燥器中备用。

②耗材。弗罗里硅土：层析用，100 ～ 200 目，在 650 ℃下灼烧 4 h，用前于 130 ℃烘 5 h，冷却后贮存于密闭容器中，备用。

（4）试剂配制。

①丙酮－石油醚混合溶液（体积比为 15 ： 85）：取 150 mL 丙酮，加入 850 mL 石油醚，摇匀备用。

②二氯甲烷－甲醇混合溶液（体积比为 9 ： 1）：取 900 mL 二氯甲烷，加入 100 mL 甲醇，摇匀备用。

（5）标准品及标准溶液制备。

①西玛津标准品：纯度≥98%。

②西玛津标准溶液制备：准确称取适量的西玛津标准品，用丙酮配制成 100 μg/mL 标准储备溶液，根据需要用丙酮稀释成适用浓度的标准工作溶液。

（6）分析步骤。

①提取。称取试样约 30 g（精确至 0.01 g）。加 30 g 无水硫酸钠，研磨成粉状，转入锥形瓶中。加入 100 mL 二氯甲烷 – 甲醇（体积比 9 ∶ 1）混合液，超声振荡 20 min。用布式漏斗抽滤，保留滤液。残渣再用 100 mL 二氯甲烷 – 甲醇（体积比 9 ∶ 1）混合液，按上述步骤操作。合并滤液于旋转蒸发器的蒸发瓶中。于 50 ℃水浴中减压蒸至近干。

②净化。用 20 mL 丙酮 – 石油醚（体积比 15 ∶ 85）分三次将上述残渣溶解，溶液注入弗罗里硅土柱中净化。用 100 mL 丙酮 – 石油醚（体积比 15 ∶ 85）洗脱，控制流速为每秒 2 ～ 3 滴，流出液接收于旋转蒸发液的蒸发瓶中。于 60 ℃水浴中减压蒸至近干。用丙酮定容至 5.0 mL，供气相色谱测定。

③测定。

a. 气相色谱参考条件：色谱柱为 HP–1.5 m × 0.53 mm（i.d），膜厚 2.65 μm；色谱柱温度 155 ℃；进样口温度 240 ℃；检测器温度 250 ℃；载气为氮气，纯度 ≥ 99.99％，流速为 40 mL/min；氢气流速为 2 mL/min；空气流速为 140 mL/min；进样量 2 μL；进样方式为无分流进样。

b. 色谱测定。根据样液中西玛津的含量情况，选定峰面积相近的标准工作溶液，标准工作溶液和样液中西玛津的响应值均应在仪器检测线性范围内。标准工作溶液和样液等体积参插进样测定。在上述色谱条件下，西玛津色谱峰保留时间为 2.2 min。

④空白实验。除不加试样外，均按上述测定步骤进行。

（7）结果计算和表述。按下式计算。

$$X = \frac{h \times c \times V}{h_s \times m}$$

式中：X——试样中西玛津的残留量（mg/kg）；

　　　h——样液中西玛津的峰高（mm）；

　　　V——样液最终定容体积（mL）；

　　　h_s——标准工作溶液中西玛津的峰高（mm）；

　　　C——标准工作溶液中西玛津的浓度（g/mL）；

　　　m——最终样液所代表的试样量（g）。

计算结果应扣除空白值，测定结果用平行测定的算术平均值表示，保留两位有效数字。

4.5.3 气相色谱仪在化妆品安全领域的应用实验项目

1）化妆品中6-甲基香豆素含量的测定

6-甲基香豆素是香豆素的衍生物，也是一种重要的香料，具有强烈的椰子香气，常用作定香剂、脱臭剂，主要用于配制椰子、香草和焦糖等型香精。由毒理实验发现，香豆素对小鼠胚胎有毒性，能引起痛觉消失，使中性胆碱酯酶发生变化，对大鼠为可疑致肿瘤物。同时，其是一种光感性皮炎致敏物，将添加有6-甲基香豆素的化妆品涂于皮肤表面后，经光照会引起皮肤炎症；其对人类的肝脏也有危害。6-甲基香豆素在《化妆品卫生标准》（GB 7916—1987）中为限用物质，规定其在口腔产品中的最大允许浓度为0.003%。《化妆品安全技术规范（2015年版）》规定6-甲基香豆素为禁用物质。

（1）测定原理。样品处理后，经气相色谱仪分离，氢火焰离子化检测器（FID）检测，根据保留时间定性，峰面积定量，以标准曲线法计算含量。必要时，采用气相色谱－质谱法进行确证。

（2）仪器。

①气相色谱仪：配氢火焰离子化检测器（FID）。

②天平。

③涡旋振荡器。

④超声波清洗器。

⑤离心机：转速不小于5 000 r/min。

（3）试剂。

①6-甲基香豆素：纯度≥99.0%。

②甲醇：色谱纯。

③无水硫酸钠：于650 ℃灼烧4 h，储于密闭干燥器中备用。

（4）试剂配制。

①标准储备溶液Ⅰ：称取0.1 g（精确到0.000 1 g）6-甲基香豆素，置于100 mL容量瓶中，加甲醇溶解并稀释至刻度，即得浓度为1.0 mg/mL的6-甲基香豆素标准储备溶液。

②标准储备溶液Ⅱ：精密量取 5 mL 标准储备溶液Ⅰ，置于 50 mL 容量瓶中，加甲醇稀释至刻度，即得浓度为 100 μg/mL 的 6- 甲基香豆素标准储备溶液。

（5）分析步骤。

①标准系列溶液的制备。取 6- 甲基香豆素标准储备溶液Ⅱ，分别配制浓度为 0.5 μg/mL、1.0 μg/mL、3.0 μg/mL、5.0 μg/mL、10.0 μg/mL 的标准系列溶液。

②样品处理。称取样品 1 g（精确到 0.001 g），置于 10 mL 容量瓶中，加入 5 mL 甲醇，涡旋振荡使样品与提取溶剂充分混匀，超声提取 20 min，冷却至室温，用甲醇稀释至刻度，混匀后转移至 10 mL 刻度离心管中，以 5 000 r/min 的转速离心 5 min。上清液经 3 g 无水硫酸钠脱水，经 0.45 μm 滤膜过滤，滤液备用。

③参考色谱条件。

a. 色谱柱：HP-5 毛细管柱（30 m × 0.32 mm × 0.25 μm，5％ – 苯基 – 甲基聚硅氧烷）或等效色谱柱。

b. 柱温升温程序：初始温度 100 ℃，保持 3 min，后以 8 ℃/min 的速率升至 200 ℃，保持 3 min。

c. 进样口温度：250 ℃。

d. 检测器温度：280 ℃。

e. 载气：氮气，流速为 1.0 mL/min，纯度为 99.999％。

f. 燃气：氢气，流速为 30 mL/min。

g. 助燃气：空气，流速为 400 mL/min。

h. 尾吹 N_2 流量：30 mL/min。

i. 进样方式：不分流进样。

j. 进样量：1.0 μL。

载气、空气、氢气流速随仪器而异，操作者可根据仪器及色谱柱等差异，通过试验选择最佳操作条件，使 6- 甲基香豆素与其他组分峰获得完全分离。

④测定。在色谱条件下，取 6- 甲基香豆素标准系列溶液分别进样，进行气相色谱分析，以标准系列溶液浓度为横坐标，峰面积为纵坐标，绘制标准曲线。

取待测溶液进样，根据保留时间定性，测定峰面积，根据标准曲线得到待测溶液中 6- 甲基香豆素的浓度。

（6）结果计算。

①计算。

$$\omega = \frac{\rho \times V}{m} \times 10^{-4}$$

式中：ω——化妆品中 6-甲基香豆素的质量分数（％）；

ρ——从标准曲线中得到待测组分的浓度（μg/mL）；

V——样品定容体积（mL）；

m——样品取样量（g）。

在重复性条件下获得的两次独立测定结果的绝对差值不得超过算术平均值的 10％。

②回收率。当样品添加标准溶液浓度在 0.001％ ～ 0.005％范围内，测定结果的平均回收率在 96.3％ ～ 103.5％。

2）化妆品中 α-氯甲苯含量的测定

α-氯甲苯为无色透明液体，可燃，溶于乙醚、乙醇、氯仿等有机溶剂，不溶于水，但能与水蒸气一同挥发。α-氯甲苯具有强烈的刺激性气味，有催泪性。

（1）测定原理。样品提取后，经气相色谱仪分离，用氢火焰离子化检测器检测。根据保留时间定性，峰面积定量，以标准曲线法计算含量。

（2）仪器。

①气相色谱仪：具氢火焰离子化检测器。

②天平。

③离心机。

（3）试剂。除另有规定外，本方法所用试剂均为分析纯或以上规格，水为《分析实验室用水规格和试验方法》（GB/T 6682—2008）中规定的一级水。

① α-氯甲苯：纯度 ≥ 99％。

②三氯甲烷：色谱纯。

③正己烷：色谱纯。

④无水硫酸钠。

⑤氯化钠。

（4）试剂配制。

①饱和氯化钠溶液：称取 40 g 氯化钠，置于 250 mL 磨口锥形瓶中，加入 100 mL 水，超声 15 min，即得。

②标准储备溶液：称取 0.1 g（精确到 0.000 1 g）α–氯甲苯，置于 100 mL 容量瓶中，用三氯甲烷溶解并定容至刻度，摇匀，即得浓度为 1 g/L 的标准储备溶液。

③标准系列溶液的制备：取标准储备溶液，用三氯甲烷分别配成浓度为 2.5 μg/mL、12.5 μg/mL、25 μg/mL、50 μg/mL、100 μg/mL 的 α–氯甲苯标准系列溶液。

（5）分析步骤。

①样品处理。称取样品 2 g（精确到 0.001 g），置于 100 mL 具塞锥形瓶中，加入 10 mL 饱和氯化钠溶液，充分振摇，使样品分散后转移至 25 mL 分液漏斗，加 5 mL 三氯甲烷，振摇提取 30 s，静置分层，将三氯甲烷提取液置于 10 mL 具塞比色管中，水相加三氯甲烷重复提取步骤一次，合并两次三氯甲烷提取液，补加三氯甲烷至刻度，加入适量无水硫酸钠脱水（必要时取提取液，以 5 000 r/min 转速离心 5 min，取上清液），溶液经 0.45 μm 滤膜过滤，取续滤液作为待测溶液。

②参考色谱条件。

a. 色谱柱：DB– 1701P（30 m × 0.32 mm × 0.25 μm）或等效色谱柱。

b. 检测器：配有氢火焰离子化检测器（FID）。

c. 柱温程序：初始温度为 90 ℃，保持 10 min，以 10 ℃/min 速率升至 250 ℃，保持 10 min。

d. 进样口温度：200 ℃。

e. 检测口温度：250 ℃。

f. 载气：N_2，流速为 1.5 mL/min。

g. 氢气流量：40 mL/min。

h. 空气流量：400 mL/min。

i. 尾吹氮气流量：25 mL/min。

j. 进样方式：分流进样，分流比 5 ∶ 1。

k. 进样量：1 μL。

③测定。在色谱条件下，取标准系列溶液分别进样，进行气相色谱分析，以标准溶液浓度为横坐标，峰面积为纵坐标，绘制标准曲线。

取待测溶液进样，进行气相色谱分析，测得峰面积，根据标准曲线得到待测溶液中 α–氯甲苯的浓度。

（6）结果计算。

①计算。

$$\omega = \frac{\rho \times V}{m}$$

式中：ω——化妆品中 α – 氯甲苯的质量分数（μg/g）；

　　　m——样品取样量（g）；

　　　ρ——从标准曲线中得到待测组分的质量浓度（μg/mL）；

　　　V——样品定容体积（mL）。

在重复性条件下获得的两次独立测试结果的绝对差值不得超过算术平均值的 10％。

②回收率和精密度。低浓度的回收率在 91.9％～ 104.5％之间，相对标准偏差小于 3.8％（n=6）；高浓度的回收率在 92.6％～ 107.8％之间，相对标准偏差小于 3.2％（n=6）。

3）化妆品中斑蝥素含量的测定

斑蝥素，别名是六氢 –3a,7a– 二甲基 –4,7– 环氧异苯并呋喃 –1,3– 二酮，是一种有机化合物，对皮肤有止痒、改善局部神经营养及刺激毛根和促进毛发生长的作用。2017 年 10 月 27 日，世界卫生组织国际癌症研究机构公布了致癌物清单，斑蝥素在 3 类致癌物清单中。

（1）测定原理。样品中的斑蝥素用三氯甲烷萃取，用配有氢火焰离子化检测器的气相色谱仪测定。以保留时间定性，以峰高或峰面积定量。

（2）仪器。

①气相色谱仪：配有氢火焰离子化检测器。

②天平。

（3）试剂。除另有规定外，本方法所用试剂均为分析纯或以上规格，水为《分析实验室用水规格和试验方法》（GB/T 6682—2008）中规定的一级水。

①高纯氮：纯度为 99.999％。

②高纯氢：纯度为 99.999％。

③无油压缩空气，经装 5Å 分子筛的净化管净化。

④三氯甲烷：色谱纯。

⑤无水硫酸钠。

（4）试剂配制。标准储备溶液：称取斑蝥素 0.1 g（精确到 0.000 1 g），溶于三氯甲烷中，定容于 100 mL 容量瓶中，储存于玻璃瓶中。

（5）分析步骤。

①标准溶液的制备。吸取斑蝥素标准储备溶液 1.00 mL 于 100 mL 容量瓶中，用三氯甲烷定容，得浓度为 10 mg/L 的斑蝥素标准溶液。

②样品处理。称取样品 5 g（精确到 0.001 g）于 25 mL 分液漏斗中，加入 5 mL 水混匀。加三氯甲烷 5 mL 振摇 30 s 后静置分层（必要时离心），将有机相置于刻度试管中，补加三氯甲烷至 5 mL，加入适量无水硫酸钠除水，待测定。

③参考色谱条件。

a. 色谱柱：DB-5 毛细管柱（30 m×0.25 mm）或等效色谱柱。

b. 进样口温度：230 ℃。

c. 检测口温度：250 ℃。

d. 柱温升温程序：初始温度 60 ℃，保持 1 min，以 10 ℃/min 速率升至 230 ℃，保持 10 min。

e. 气体流量：高纯氮气 60 mL/min，高纯氢气 50 mL/min，压缩空气 500 mL/min。

f. 分流比：50∶1。

g. 进样量：1 μL。

④测定。取样品待测溶液进样测定。采用单点外标法定量，斑蝥素标准溶液的进样体积应与样品溶液相同，其峰面积应与样品峰面积在同一数量级内。

（6）结果计算。

$$\omega = \frac{\rho \times V \times A_1}{m \times A_0}$$

式中：ω——样品中斑蝥素的浓度（μg/g）；

$\qquad$ p——标准溶液中斑蝥素的浓度（mg/L）；

$\qquad$ A_1——待测溶液中斑蝥素的峰面积；

$\qquad$ A_0——标准溶液中斑蝥素的峰面积；

$\qquad$ V——样品定容体积（mL）；

$\qquad$ m——样品取样量（g）。

4）化妆品中氮芥含量的测定

氮芥是最早用于临床并取得突出疗效的抗肿瘤药物，为双氯乙胺类烷化剂的代表。氮芥进入人体内后，通过分子内成环作用，形成高度活泼的乙烯亚胺离子，在中性或弱碱条件下迅速与多种有机物质的亲核基团（如蛋白质的羧基、氨基、巯基、核酸的氨基和羟基、磷酸根）结合，进行烷基化作用。氮芥最重要的反应是与鸟嘌呤第 7 位氮共价结合，产生 DNA 的双链内的交叉联结或 DNA 的同链内不同碱基的交叉联结。2017 年 10 月 27 日，世界卫生组织国际癌症研究机构公布了致癌物清单，氮芥在 2A 类致癌物清单中。

（1）检测原理。样品中的氮芥在碱性条件下用三氯甲烷萃取，用具有氢火焰离子化检测器的气相色谱仪测定。以保留时间定性，以峰高或峰面积定量。

（2）仪器。

①气相色谱仪：配有氢火焰离子化检测器。

②微量玻璃注射器：10 μL。

③天平。

（3）试剂。除另有规定外，本方法所用试剂均为分析纯或以上规格，水为《分析实验室用水规格和试验方法》（GB/T 6682—2008）中规定的一级水。

①高纯氮：纯度为 99.999%。

②高纯氢：纯度为 99.999%。

③无油压缩空气：经装 5Å 分子筛的净化管净化。

④三氯甲烷：色谱纯。

⑤无水硫酸钠。

⑥碳酸钠。

⑦浓盐酸。

⑧氢氧化钠。

⑨盐酸氮芥。

（4）试剂配制。

①盐酸溶液（1 mol/L）：取浓盐酸 8.3 mL，加水至 100 mL。

②氢氧化钠溶液（2 mol/L）：称取氢氧化钠 8 g，溶于水中，定容至 100 mL，混匀。

③标准储备溶液：称取盐酸氮芥 0.1 g（精确到 0.000 1 g）溶于水中，定容于 100 mL 容量瓶中，储存于玻璃瓶中。

（5）分析步骤。

①标准溶液的制备。吸取氮芥标准储备溶液 1.00 mL 于 100 mL 容量瓶中，用水定容，即得浓度为 10 mg/L 的氮芥标准溶液。

②样品处理。称取 5 g（精确到 0.001 g）样品于 25 mL 分液漏斗中，加入 5 mL 水，混匀。用盐酸溶液调节 pH 至 2 以下，加入 5 mL 三氯甲烷，振摇 30 s 后静置分层，弃去有机相。再用氢氧化钠溶液调节水相至中性，加入碳酸钠约 50 mg，用 5 mL 三氯甲烷提取，振摇 30 s 后静置分层，将有机相置于刻度试管中，补加三氯甲烷至 5 mL，加入适量无水硫酸钠除水，待测定。氮芥标准溶液测定前须按上述步骤同样处理。

③参考色谱条件。

a. 色谱柱：DB-225 毛细管柱（30 m × 0.25 mm）或等效色谱柱。

b. 温度：进样口温度 170 ℃，检测口温度 200 ℃，柱温初始温度 50 ℃，保持 1 min，以 8 ℃/min 的升温速率升至 160 ℃，保持 10 min。

c. 气体流量：高纯氮气 60 mL/min，高纯氢气 50 mL/min，压缩空气 500 mL/min。

d. 分流比：1 ： 50。

e. 进样量：1 μL。

④测定。

取样品待测溶液测定。采用单点外标法定量，处理后的氮芥标准使用溶液的进样体积应与样品溶液相同，其峰面积应与样品峰面积在同一数量级内。

（6）结果计算。

$$\omega = \frac{\rho \times V \times A_1}{m \times A_0}$$

式中：ω——样品中氮芥的质量浓度（μg/g）；

ρ——标准溶液中氮芥的浓度（mg/L）；

A_1——待测溶液中氮芥的峰面积；

A_0——标准溶液中氮芥的峰面积；

V——样品定容体积（mL）；

m——样品取样量（g）。

4.5.4　气相色谱仪在药品安全领域的应用实验项目

1）维生素 E 软胶囊含量的测定

维生素 E 是一种脂溶性维生素，又称生育酚，是最主要的抗氧化剂之一。维生素 E 软胶囊可用于心、脑血管疾病及习惯性流产、不孕症的辅助治疗。每粒含主要成分维生素 E 50 mg，辅料为花生油（注射用）。

（1）测定原理。样品处理后，经气相色谱仪分离，氢火焰离子化检测器（FID）检测，根据保留时间定性，峰面积定量，以内标法计算含量。

（2）仪器。

①气相色谱仪：配有氢火焰离子化检测器（FID）。

②天平。

（3）试剂。

①维生素 E 对照品。

②正三十二烷对照品。

③正己烷：色谱纯。

（4）试剂配制。取正三十二烷适量，加正己烷溶解并稀释成每 1 mL 含 1.0 mg 的溶液，作为内标液。

（5）分析步骤。

①校正因子的测定。取维生素 E 对照品约 20 mg，精密称定，置棕色具塞瓶中。精密加内标溶液 10 mL，密塞，振摇使溶解，作为对照品溶液。取 1～3 μL 注入气相色谱仪，计算校正因子。

②样品含量测定。取装量差异项下的内容物，混合均匀，取适量（约相当于维生素 E 20 mg），精密称定，置棕色具塞瓶中，精密加内标溶液 10 mL，密塞，振摇使溶解，作为供试品溶液；取 1～3 μL 注入气相色谱仪，测定，计算，即得供试品的浓度。

③参考色谱条件。

a. 色谱柱：用硅酮（OV-17）作固定液，涂布浓度为 2% 的填充柱，或用 100% 二甲基聚硅氧烷作固定液的毛细管柱；柱温为 265 ℃。理论板数按维生素 E 峰计算不低于 500（填充柱）或 5 000（毛细管柱），维生素 E 峰与内标物质峰的分离度应符合要求。

b. 进样口温度：300℃。

c. 检测器温度：320℃。

d. 载气：氮气，流速为 1.0 mL/min，纯度为 99.999%。

e. 燃气：氢气，流速为 30 mL/min。

f. 助燃气：空气，流速为 400 mL/min。

g. 尾吹 N_2 流量：30 mL/min。

h. 进样方式：分流进样。

i. 分流比：20 : 1。

j. 进样量：1.0 μL。

（6）结果计算。

①校正因子 f 的计算。

$$f = \frac{c_{对}}{c_{内}} \times \frac{A_{内}}{A_{对}}$$

式中：f——校正因子；

$c_{对}$——维生素 E 对照品的含量（mg/mL）；

$c_{内}$——维生素 E 对照品溶液中内标物的含量（mg/mL）；

$A_{内}$——维生素 E 对照品溶液色谱图中内标物的峰面积；

$A_{对}$——维生素 E 对照品溶液色谱图中对照品的峰面积。

②样品中维生素 E 的含量计算。

$$X_{(标示百分含量,\%)} = \frac{f \times \frac{A_{供}}{A'_{内}} \times c'_{内} \times V \times 10^{-3}}{m_{样}} \times 100\%$$

式中：f——校正因子；

$A'_{内}$——维生素 E 样品溶液色谱图中内标物的峰面积；

$A_{供}$——维生素 E 样品溶液色谱图中对照品的峰面积；

$c'_{内}$——维生素 E 对照品溶液中内标物的含量（mg/mL）；

V——样品中加入内标液的体积（mL）；

$m_{样}$——样品的取样量（g）。

在重复性条件下获得的两次独立测定结果的相对标准偏差不得超过 5%。

2）扑米酮片含量的测定

扑米酮片，用于癫痫强直阵挛性发作（大发作）、单纯部分性发作和复杂部分性发作的单药或联合用药治疗，也用于特发性震颤和老年性震颤的治疗。

（1）测定原理。样品处理后，经气相色谱仪分离，氢火焰离子化检测器（FID）检测，根据保留时间定性，峰面积定量，以内标法计算含量。

（2）仪器。

①气相色谱仪：配有氢火焰离子化检测器（FID）。

②天平。

③水浴锅。

（3）试剂。

①扑米酮对照品。

②N-苯基咔唑对照品。

③甲醇：色谱纯。

（4）试剂配制。取 N-苯基咔唑适量，加甲醇溶解并制成每 1 mL 中含 2.4 mg 的溶液。

（5）分析步骤。

①供试品溶液配制：取本品 20 片，精密称定，研细，精密称取细粉适量（相当于扑米酮 0.15 g），置于 50 mL 量瓶中，精密加入内标溶液 25 mL 与甲醇 10 mL，水浴加热 5 min，并时时振摇。放冷后，用甲醇稀释至刻度，摇匀，滤过，取续滤液。

②对照品溶液配制，取扑米酮对照品约 0.15 g，精密称定，置于 50 mL 量瓶中，精密加入内标溶液 25 mL，振摇使扑米酮溶解（必要时加热使溶解），用甲醇稀释至刻度，摇匀。

③参考色谱条件。以硅酮（或极性相近）为固定相；涂布浓度为 3%；柱温为 260 ℃；进样体积 1 μL。

系统适用性要求：扑米酮峰与内标物质峰的分离度应符合要求。

④测定，精密量取供试品溶液与对照品溶液，分别注入气相色谱仪，记录色谱图。计算校正因子，按内标法以峰面积计算。

（6）结果计算。

①校正因子 f 的计算。

$$f = \frac{c_{对}}{c_{内}} \times \frac{A_{内}}{A_{对}}$$

式中：f——校正因子；

$c_{对}$——扑米酮对照品的含量（mg/mL）；

$c_{内}$——扑米酮对照品溶液中内标物的含量（mg/mL）；

$A_{内}$——扑米酮对照品溶液色谱图中内标物的峰面积；

$A_{对}$——扑米酮对照品溶液色谱图中对照品的峰面积。

② 样品中扑米酮的含量计算。

$$X_{(标示百分含量,\%)} = \frac{f \times \dfrac{A_{供}}{A'_{内}} \times c'_{内} \times V \times 10^{-3}}{m_{样}} \times 100\%$$

式中：f—校正因子；

$A'_{内}$——扑米酮样品品溶液色谱图中内标物的峰面积；

$A_{供}$——扑米酮样品溶液色谱图中对照品的峰面积；

$c'_{内}$——扑米酮对照品溶液中内标物的含量（mg/mL）；

V——样品中加入内标液的体积（mL）；

$m_{样}$——样品的取样量（g）。

在重复性条件下获得的两次独立测定结果的相对标准偏差不得超过5%。

4.5.5　气相色谱仪在中药安全领域的应用实验项目

1）艾叶中桉油精、龙脑含量的测定

艾叶，又名黄草、冰台、艾蒿、医草，为菊科植物艾的干燥叶。其味辛、苦，性温，归肝、脾、肾经，具有散寒止痛、温经止血的功效，常用于治疗少腹冷痛、经寒不调、宫冷不孕、吐血、崩漏、妊娠下血等症，外用可治疗皮肤瘙痒等。其炮制后可供灸治或熏洗之用，是中医内调外用的常用之品。艾叶作为药食两用植物，在我国已有上千年的使用历史。其主要活性成分为挥发油，包括桉油精、龙脑等。

（1）检测原理。参考《中国药典》，取艾叶适量，经均匀采样、提取等处理后，采用气相色谱法进行定性和定量检测。

（2）仪器。

①气相色谱仪：配有氢火焰检测器。

②电子天平。

③超声波清洗器。

（3）试剂。

①桉油精标准品：含量以 100% 计。

②龙脑标准品：含量以 99.6% 计。

③乙酸乙酯：分析纯。

④水：《分析实验室用水规格和试验方法》（GB/T 6682—2008）中规定的一级水。

（4）试剂配制。取桉油精对照品、龙脑对照品适量，精密称定，加乙酸乙酯制成每 1 mL 含 0.2 mg 桉油精、0.1 mg 龙脑的混合溶液。

（5）分析步骤。

①试样处理。取艾叶适量，剪成约 0.5 cm 的碎片，取约 2.5 g，精密称定，置于圆底烧瓶中，加水 300 mL，连接挥油测定器。自测定器上端加水使充满刻度部分，并溢流入烧瓶时为止，再加乙酸乙酯 2.5 mL，连接回流冷凝管。加热至沸腾，再加热 5 h，放冷，分取乙酸乙酯液，置于 10 mL 量瓶中，用乙酸乙酯分次洗涤测定器及冷凝管，转入同一量瓶中，用乙酸乙酯稀释至刻度，摇匀，即得。

②气相色谱参考条件：色谱柱采用 Aglient DB- WAX 毛细管柱（30.00 m×0.25 mm，0.25 μm）；气体流量 1.0 mL/ min；进样方式为分流进样，分流比为 5∶1；进样量 1 μL。

③标准曲线制备。精密吸取标准溶液 0.2 mL、0.5 mL、0.8 mL、1.0 mL、2.0 mL、3.0 mL，定容至 5 mL，得到不同质量浓度的混合对照品溶液。按照色谱参考条件进样测定，进样量 1 μL，求得标准曲线方程 $y_i=a_i x_i+b_i$（x 为照品质量浓度为横坐标，y 为峰面积）。

④色谱分析。取待测试样溶液注入色谱仪中，以保留时间定性，以试样峰面积通过标准曲线计算含量。

2）广藿香油中百秋李醇含量的测定

广藿香油是利用分子蒸馏法从广藿香嫩叶获得的一种精油，是一种应用广泛的天然香料。在工业生产中，广藿香油定香性能优越，是一种常用的定香剂；在医药方面，广藿香油有明显的止咳、化痰、抗炎、镇痛作用；在食品加工行业广藿香油为允许使用的食用香料，主要用于可乐型饮料等。百秋李醇作为广藿香挥发油的主要成分，是历版《中国药典》规定的用于评价广藿香油质量的指标成分。目前对广藿香油中百秋李醇的测定主要采用气相色谱法，定量方法有内标法与外标法。

（1）检测原理。参考《中国药典》，取广藿香适量，经超声提取等处理后，采用气相色谱法进行定性和定量检测。

（2）仪器。

①气相色谱仪：GC-2010 型。

②电子分析天平：Mettler Toledo Al204 型。

（3）试剂。

①水：超纯水或重蒸水。

②百秋李醇标准品。

③正十八烷内标物：色谱纯。

④三氯甲烷：分析纯。

（4）试剂配制。

①内标溶液的配制。准确称取正十八烷 2.500 0 g，用正己烷溶解并定容至 100 mL，得 25.0 mg/mL 正十八烷内标溶液；

②标准溶液的配制。准确称取百秋李醇标准品 250 mg，置于 10 mL 容量瓶中，用正己烷定容，摇匀，配制 25.0 mg/mL 百秋李醇标准工作溶液。取此使用溶液 1 mL 置于 25 mL 容量瓶中，再加入 1 mL 正十八烷内标溶液，用正己烷定容，摇匀，配制成百秋李醇标准溶液。该标准溶液中百秋李醇含量为 1.0 mg/mL，内标溶液为 1.0 mg/mL，取 1 μL 进样。

（5）分析步骤。

①试样处理。取广藿香粗粉约 3 g，精密称定，置锥形瓶中，加三氯甲烷 50 mL，超声处理 3 次，每次 20 min，滤过，合并滤液。回收溶剂至干，残渣加正己烷使之溶解，转移至 5 mL 量瓶中。精密加入内标溶液 0.5 mL，加正己烷至刻度，摇匀，待测。

②液相色谱参考条件。

a. 色谱柱：DB-5MS（30 m × 0.32 mm，0.25 μm）。

b. 进样口温度：250 ℃。

c. 程序升温：柱温起始温度 150 ℃，保持 8 min，然后以 5 ℃/min 的升温速率升温至 180 ℃，保持 2 min。

　　d. 氢火焰离子化检测器（FID）温度：250 ℃。

　　e. 分流比：30 : 1 。

　　f. 空气流量：400 mL/min。

　　g. 载气压力：100 kPa。

　　h. 线速度：44.6 cm/s。

　　i. 氢气流量：40 mL/min。

　　j. 进样量：1 μL。

　　③标准曲线制备。精密移取 25.0 mg/mL 百秋李醇标准工作溶液 0.2 mL、0.4 mL、0.6 mL、0.8 mL、1.0 mL、1.5 mL、2.0 mL，置于 25 mL 容量瓶中，分别加入 1.0 mL 正十八烷内标溶液，用正己烷稀释定容，摇匀，按色谱参考条件进样分析，求得标准曲线方程 $y_i = ax_i + b_i$（y 为百秋李醇与内标物的峰面积比，x 为百秋李醇与内标物的浓度比）。

　　④色谱分析。取待测试样溶液注入色谱仪，以保留时间定性，以试样峰面积通过标准曲线计算含量。

4.5.6　气相色谱仪在医疗器械安全领域的应用实验项目

1）医疗防护用品中环氧乙烷残留量的检测

　　环氧乙烷（EO）是一种广谱灭菌剂，可在常温下杀灭各种微生物，包括芽孢、结核杆菌、细菌、病毒、真菌等。目前医疗器械广泛采用环氧乙烷来灭菌。环氧乙烷是一种可刺激体表并引起强烈反应的易燃性气体。在很多情况下，环氧乙烷具有致突变性、胎儿毒性和致畸特性，对睾丸功能具有不良作用，并能对体内的多个器官系统产生损害。在动物致癌研究中，吸入 EO 可产生几种致瘤性变化，包括白血病、脑肿瘤和乳房肿瘤，而食入或皮下注射 EO 仅在接触部位形成肿瘤。因此，需检测医疗器械经环氧乙烷消毒后环氧乙烷的残留量，判定其是否符合国家标准规定。

　　（1）检测原理。参考《医疗器械生物学评价　第 7 部分：环氧乙烷灭菌残留量》（GB/T 16886.7—2015）和《医用输液、输血、注射器具检验方法　第 1 部分：化学分析方法》（GB T 14233.1—2008），称取定量医疗防护用品，采用高效液相色谱法进行定性和定量检测。一般在医疗防护用品中环氧乙烷最不易解析部位（取环氧乙烷相对残留量最高的部位）取样。

（2）仪器。

①气相色谱仪：岛津 GC–2010 Plus 型，带顶空进样器、FID 检测器。

②电子天平：Mettler Toledo PL203 型。

③超纯水仪：U2 型。

（3）试剂。

①水：超纯水。

②环氧乙烷标准样品：2 mg/mL，编号为 SH–22696YW。

③医疗防护用品样品：医用口罩若干。

（4）试剂配制。

①环氧乙烷标准储备溶液配制：取 1 mL 环氧乙烷标准样品，用水定容至 100 mL，得到 20 μg/mL 的环氧乙烷标准储备溶液，于 2 ～ 8 ℃保存。

②环氧乙烷标准溶液配制：分别取 0.5 mL、1 mL、2 mL、4 mL、6 mL、8 mL 环氧乙烷标准储备溶液，置于 6 只 20 mL 容量瓶中，用水定容至标线，得到质量浓度分别为 0.5 μg/mL、1 μg/mL、2 μg/mL、4 μg/mL、6 μg/mL、8 μg/mL 的环氧乙烷系列标准工作溶液。

（5）分析步骤。

①试样处理。称取样品 1.000 g，截为 5 mm 长碎块（或 10 mm² 片状物），置于 20 mL 顶空进样瓶中，精密加入 5 mL 超纯水，密封，在（60±1）℃温度下平衡 40 min，上机分析。

②气相色谱参考条件。

a. 色谱柱：DB–624 型毛细管柱（30 m × 0.25 mm，1.40 μm）。

b. 载气：N_2，纯度为 99.999％，流量为 30 mL/min。

c. 分流比：10 ：1。

d. 氢气流量：40 mL/min。

e. 空气流量：400 mL/min。

f. 柱流量：1.0 mL/min。

g. 检测器：FID。

h. 检测器温度：230 ℃。

i. 进样口温度：210 ℃。

j. 柱温：80 ℃（恒温程序）。

k. 平衡温度：60 ℃。

l. 平衡时间：40 min。

m. 进样体积：500 μL。

③标准曲线制备。分别配制浓度为 0.5 μg/mL、1 μg/mL、2 μg/mL、4 μg/mL、6 μg/mL、8 μg/mL 的环氧乙烷系列标准工作溶液，在给定的仪器条件下进行液相色谱分析，进样量 500 μL，每个浓度点重复测定 2 次，计算色谱峰面积平均值，以溶液质量浓度（x）为自变量、色谱峰面积（y）为因变量，对测定数据进行线性拟合，得到环氧乙烷标准曲线的线性方程 $y=ax+b$（y 为试样中被测成分的峰面积）。

④色谱分析。取 500 μL 待测试样注入色谱仪中，以保留时间定性，以试样峰面积通过标准曲线计算含量。

2）医用苯乙烯类热塑性弹性体中双环戊二烯残留量的测定

医用苯乙烯类热塑性弹性体（TPE-S）可与许多材料混合，应用范围极为广泛，如药物输注和存储器械、大输液软袋、静脉营养输液袋等。在 TPE-S 合成过程中通常引入加氢催化剂双环戊二烯二氯化钛，加氢催化剂在胶液后处理过程中分解产生双环戊二烯，造成双环戊二烯在 TPE-S 中残留。在临床使用过程中器械接触的介质的多样性和复杂性可能会导致残留双环戊二烯迁移，可能对人体健康产生危害，因为其会刺激眼睛、皮肤、呼吸道及消化道系统，抑制中枢神经系统，动物试验中曾发现其对大鼠的肾有伤害。

多种分析方法可用于测定苯乙烯类热塑性弹性体制作的输注和存储器具中残留双环戊二烯（DCPD），典型的方法包括气相色谱法（GC）、气相色谱 – 质谱仪联用法（GC–MS）等。

（1）检测原理。参考标准《医用苯乙烯类热塑性弹性体中双环戊二烯（DCPD）残留量测定　气相色谱法》（T/CAMDI 077—2022），医用苯乙烯类热塑性弹性体中 DCPD 用溶剂提取，提取液过滤后，用气相色谱仪测定 DCPD 含量。

（2）仪器。

①气相色谱仪。

②电子分析天平（感量 0.000 1 g）。

（3）试剂。

①甲苯：色谱纯。

② DCPD：纯度 ≥ 96％。

（4）试剂配制。

①标准储备溶液（1.0 mg/mL）。室温下精确称取 0.02 g DCPD（精确到 0.000 1 g）于 20 mL 容量瓶中，用甲苯定容，储存条件为 2 ～ 8 ℃。

②标准溶液。室温下分别精密量取标准储备溶液 10 uL、20 uL、40 uL、100 uL、200 uL，置于容量瓶中，加甲苯定容至 10 mL，摇匀，用于气相色谱法（GC）分析。

（5）分析步骤。

①试样处理。室温下取同一批号供试品约 0.5 g，精确称重（精确到 0.000 1 g），取少量甲苯进行完全溶解，移至容量瓶中，用甲苯定容至 10 mL，待测。

②气相色谱参考条件。

a. 气相色谱条件：采用聚二甲基硅氧烷固定相石英毛细管柱（30 m × 0.32 mm，涂膜厚 0.25 μm）或性能与之相当的色谱柱；色谱柱初始温度为 40 ℃维持 5 min，以 10 ℃/min 的升温速率升至 230 ℃，维持 5 min；FID 检测器温度 250 ℃；载气为 N_2；柱流速 1 mL/min；进样口温度 230 ℃；进样方式为分流进样；理论板数不低于 5 000，分离度不低于 2.0。

b. 顶空进样器参考条件。加热平衡温度 85 ℃；加热平衡时间 30 min；进样阀温度 100 ℃；传输线温度 110 ℃；进样体积 1.0 mL；压力化平衡时间 1 min；进样时间 0.2 min。色谱柱为反相氨基柱，4.6 mm × 250 mm，5 μm。

③标准曲线制备。取配制好的标准溶液 2 mL，置于 20 mL 顶空瓶中，密封测定，建立工作标准曲线。以溶液质量浓度（x）为自变量，以色谱峰面积（y）为因变量，求得标准曲线的线性方程 $y=ax+b$。

④色谱分析。按照气相色谱条件进行分析，获得样品色谱峰面积，根据标准曲线，计算供试液中 DCPD 浓度。

（6）结果计算。

计算公式如下。

$$X = \frac{c_t \times V \times f}{m}$$

式中：X——试样中 DCPD 含量（mg/kg）；

c_t——从标准曲线上读取的供试液中 DCPD 浓度（μg/mL）；

V——供试液的体积（mL）；

m——供试品的质量（g）；

f——稀释因子，如样品浓度超过线性范围，对样品进行稀释，稀释倍数为稀释因子。

在重复性条件下获得的两次独立测定结果的绝对差值不得超过算术平均值的10%。

3）一次性使用输液（血）器中环己酮残留量的检测

输液器是一次性医用器具，其制作材料有聚氯乙烯（PVC）、热塑弹性体（TPE）、聚乙烯（PE）、聚丙烯和聚醋酸乙烯酯等。与国外输液器生产中采用热合粘接工艺不同，国内生产中主要使用某些溶剂作粘合剂，环己酮作为粘合剂，广泛用于一次性使用输液器的生产中。环己酮是一种工业有机溶剂，具有一定的毒性，会抑制淋巴细胞转化损害红细胞，致溶血损伤脱氧核糖核酸和引起肝脏肿大等。

（1）检测原理。选用乙醇作为浸提液，采用气相色谱法 – 氢火焰离子化检测器测定。

（2）仪器。

①气相色谱仪：7694E 顶空进样装置、氢火焰离子化检测器。

②蠕动泵。

（3）试剂。

①环己酮标准品。

②乙醇：色谱纯。

③水：超纯水或重蒸水。

（4）试剂配制。准确称取环己酮标准品，用乙醇溶解，配成质量浓度均为 100 mg/mL 的标准储备溶液。用乙醇逐级稀释 6 个（4.2 μg/mL、10.5 μg/mL、41.8 μg/mL、87.1 μg/mL、118.0 μg/mL、209.0 μg/mL）系列标准溶液，作为标准储备溶液。

（5）分析步骤。

①试样处理。本书选用乙醇作为浸提液。参考医疗器械在临床中的使用情况，选择适宜的浸提液制备样品供试液方法，将 3 套输液器和一个 300 mL 的硅硼玻璃烧瓶连接封闭循环系统，加入 250 mL 乙醇。将烧瓶置于（37±1）℃水浴锅中，以 1 L/h 的速度使之循环 2 h，待测（输液器如配静脉针，将静脉针的管路分剪成 1 cm 长的小段，将其浸入循环系统玻璃瓶的循环液）。

②液相色谱参考条件：进样口温度 230 ℃，分流比值 10∶1；色谱柱为 HP-INNOWax 石英毛细管柱（30 m × 0.25 mm × 0.25 μm）；压力 10.9 psi（1 psi=6.89 kPa），

流速 1.9 mL/min；炉箱起始温度 90 ℃，终止温度 200 ℃，升温速率 20 ℃ /min；起始温度时间 0 min，终点温度时间 1 min，程序时间 6.5 min；检测器温度 250 ℃，H_2 流速 30.0 mL/min，压缩空气流速 350 mL/min，氮气补气流速 30 mL/min。

③标准曲线制备。取 6 个（4.2 μg/mL、10.5 μg/mL、41.8 μg/mL、87.1 μg/mL、118.0 μg/mL、209.0 μg/mL）系列标准溶液进样，按色谱条件分析，求得标准曲线。以峰面积 y 对进样量 x（μg/mL）作标准曲线，求得标准曲线方程 $y_i=a_ix_i+b_i$（y 为试样中被测成分的峰面积）。

④色谱分析。取试样溶液注入色谱仪中，以保留时间定性，以试样峰面积通过标准曲线计算含量。

4.5.7　气相色谱仪在环境分析领域的应用实验项目

1）环境空气和废气吡啶的测定

吡啶又称氮苯，是一种具有恶臭气味的无色或微黄色液体，能溶于水、醇、醚等多数有机溶剂，在化工领域主要用于制作变性剂、助染剂以及合成药品、消毒剂、染料等有机产品。吡啶属低毒类有机物，其蒸气密度比空气大，在工业生产和使用过程中产生的废气能从较低处扩散到较远的地方。因此，对环境空气和工业废气中的吡啶进行检测越来越受到人们的重视。

（1）检测原理。环境空气和废气中的吡啶经酸性吸收液吸收，将吸收液置于密封的顶空瓶中，在碱性条件下，顶空瓶内样品中的吡啶向液上空间挥发，产生蒸汽压，在气液两相达到热力学动态平衡。定量抽取气相部分用气相色谱分离，氢火焰离子化检测器检测。根据保留时间定性，工作曲线外标法定量。

（2）仪器和设备。

①空气采样器：采样流量范围 0.1 ～ 1.0 L/min。

②烟气采样器：采样流量范围 0.1 ～ 1.0 L/min，采样管为硬质玻璃或氟树脂材质，应具备加热和保温功能，采样管加热温度不低于 120 ℃。

③连接管：聚四氟乙烯软管或内衬聚四氟乙烯薄膜的硅橡胶管。

④冷却装置：冰水浴。

⑤小型多孔玻板棕色吸收瓶：25 mL。吸收瓶应严密，不漏气，多孔玻板吸收瓶发泡要均匀。

⑥大型多孔玻板棕色吸收瓶：75 mL 或更大体积的多孔玻板棕色吸收瓶。吸收瓶应严密不漏气，多孔玻板吸收瓶发泡要均匀。

⑦气相色谱仪：具毛细管柱分流 / 不分流进样口，具有恒流或恒压功能，可程序升温，具氢火焰离子化检测器（FID）和工作站。

⑧色谱柱：石英毛细管色谱柱，固定相为交联键合聚乙二醇，30 m×0.25 mm×0.5 μm；也可以选用其他等效毛细管柱。

⑨自动顶空进样器：温度控制精度为 ±1 ℃，带顶空瓶、密封垫（聚四氟乙烯 / 硅氧烷或聚四氟乙烯 / 丁基橡胶）、瓶盖（螺旋盖或一次性压盖）。

⑩分析天平：实际分度值为 0.1 mg。

⑪一般实验室常用仪器和设备。

（3）试剂与耗材。

①试剂。吡啶（C_5H_5N）：纯度应 ≥99.5%，避光冷藏保存。

a. 硫酸：ρ=1.84 g/mL，优级纯。

b. 氢氧化钠（NaOH）：片状，优级纯。

c. 氯化钠（NaCl）：在 400 ℃加热 4 h，稍冷后转移至磨口玻璃瓶中，于干燥器中保存。

②耗材。

a. 载气：氮气，纯度 ≥99.999%。

b. 燃烧气：氢气，纯度 ≥99.99%。

c. 助燃气：空气，经硅胶脱水、活性炭脱有机物。

（4）试剂配制。硫酸吸收液：$c(H_2SO_4)$=0.1 mol/L。移取 5.4 mL 硫酸加入 1 L 水中，混匀。临用现配。

（5）标准品及标准溶液制备。

①吡啶标准储备溶液：$\rho(C_5H_5N)$=10.0 mg/mL。准确称取 0.250 g（精确到 ±0.1 mg）吡啶，移入装有少量水的 25 mL 棕色容量瓶中，用水定容至刻度，摇匀。4 ℃以下冷藏，密闭避光可保存 2 个月。

②吡啶标准使用溶液：$\rho(C_5H_5N)$=1.00 mg/mL。准确移取 1.00 mL 吡啶标准储备溶液于 10 mL 棕色容量瓶中，用水稀释定容至标线，配制成吡啶标准使用液，4 ℃以下冷藏，密闭避光可保存 7 d。

（6）样品。

①样品采集。空气采样器应在使用前进行气密性检查和流量校准。在空气采样器上连接一支内装 9 mL 硫酸吸收液的 25 mL 小型多孔玻板棕色吸收瓶，以 0.5 L/min 左右流量采样，采样体积至少为 30 L。

烟气采样器应在使用前进行气密性检查和流量校准。在烟气采样器上连接一支内装 45 mL 硫酸吸收液的 75 mL 大型多孔玻板棕色吸收瓶，以 0.5 L/min 左右流量采样，采样体积至少为 30 L。在采样过程中，应保持采样管保温夹套温度为 120 ℃，以避免水汽于吸收瓶之前凝结，同时使用冷却装置冷却大型多孔玻板棕色吸收瓶。

采集同一批次样品时，至少应串联一只吸收瓶，以确认是否出现穿透现象。当被测污染源中吡啶含量较高，发生穿透时，应根据实际情况适当增加吸收液体积，缩短采样时间。

每次采集样品时应至少带 1 个全程序空白样品。将同批次内装硫酸吸收液的吸收瓶带至采样现场，打开其两端，不与采样器连接，1 min 后封闭。按照与样品运输和保存相同条件带回实验室。

②样品运输和保存。样品采集后，用连接管封闭多孔玻板棕色吸收瓶的进气口和出气口，直立置于冷藏箱内运输和保存。若不能及时测定，样品应于 4 ℃ 以下冷藏、避光和密封保存，7 d 内完成分析测定。

③试样的制备。将环境空气和无组织排放监控点空气样品吸收液（样品采集步骤所采集的吸收液）全量转入 10 mL 比色管中，用少量硫酸吸收液荡洗小型多孔玻板棕色吸收瓶，并将其转入 10 mL 比色管中，用硫酸吸收液定容至 10 mL 标线，摇匀。在顶空瓶中加入 3 g 氯化钠、0.2 g 氢氧化钠，将 10 mL 吸收液全部倒入顶空瓶，密闭摇匀，至所加盐全部溶解，于自动顶空进样器进样，待测。

将固定污染源有组织排放废气样品吸收液（样品采集步骤所采集的吸收液）全量转入 50 mL 比色管中，用少量硫酸吸收液荡洗大型多孔玻板棕色吸收瓶，并将其转入 50 mL 比色管中，用硫酸吸收液定容至 50 mL 标线，摇匀。在顶空瓶中加入 3 g 氯化钠、0.2 g 氢氧化钠，准确量取 10 mL 吸收液，全部倒入顶空瓶，密闭摇匀，至所加盐全部溶解，于自动顶空进样器进样，待测。

全程序空白样品按照与环境空气和无组织排放监控点空气样品试样的制备或固定污染源有组织排放废气样品试样的制备相同步骤制备。

取 10 mL 同批次的硫酸吸收液代替样品，按照与环境空气和无组织排放监控点空气样品试样的制备相同的步骤制备实验室空白试样。

（7）分析步骤。

①仪器参考条件。顶空进样参考条件：加热平衡温度 80 ℃；加热平衡时间 30 min；进样阀温度 100 ℃；传输线温度 120 ℃。其他参数根据顶空进样器说明书设定，气相循环时间根据气相色谱分析时间设定。

色谱分析参考条件：进样口温度为 200 ℃；检测器温度为 250 ℃；色谱柱升温程序为 40 ℃（保持 1 min），以 10 ℃ /min 的升温速率升温到 120 ℃（保持 1 min）；载气流速为 1.0 mL/min；燃烧气流速为 40 mL/min；助燃气流速为 450 mL/min；尾吹气流速为 30 mL/min；分流比为 10：1。

②工作曲线的建立。环境空气和无组织排放监控点空气工作曲线：分别量取适量的吡啶标准使用溶液，用适量硫酸吸收液稀释，制备至少 5 个浓度点的标准系列，置于 25 mL 容量瓶中。吡啶的质量浓度分别为 0.20 μg/mL、0.50 μg/mL、1.00 μg/mL、2.00 μg/mL、5.00 μg/mL。在顶空瓶中加入 3 g 氯化钠、0.2 g 氢氧化钠，准确量取 10 mL 标准溶液，置于顶空瓶中，密闭摇匀，至所加盐全部溶解。按照仪器参考条件由低浓度到高浓度依次分析测定，以吡啶浓度为横坐标，以峰高或峰面积为纵坐标，绘制工作曲线。

固定污染源有组织排放废气工作曲线：分别量取适量的吡啶标准使用溶液，用适量硫酸吸收液稀释，制备至少 5 个浓度点的标准系列，置于 25 mL 容量瓶中。吡啶的质量浓度分别为 5.00 μg/mL、10.0 μg/mL、20.0 μg/mL、50.0 μg/mL、100 μg/mL。在顶空瓶中加入 3 g 氯化钠、0.2 g 氢氧化钠，准确量取 10 mL 标准溶液，置于顶空瓶中，密闭摇匀，至所加盐全部溶解。按照仪器参考条件由低浓度到高浓度依次分析测定，以吡啶浓度为横坐标，以峰高或峰面积为纵坐标，绘制工作曲线。

③试样测定。按照仪器参考条件对试样进行测定。

④空白实验。按照仪器参考条件对全程序空白试样和实验室空白试样进行测定。

（8）结果计算和表述。

①定性分析。根据吡啶标准色谱图的保留时间进行定性。

当样品基质复杂时，应采用另外一支极性不同的色谱柱进行双柱定性或选择质谱定性。

②结果计算。环境空气和无组织排放监控点空气中吡啶的浓度、固定污染源有组织排放废气中吡啶的浓度按照以下公式进行计算。

$$\rho = \frac{\rho_f \times V_f}{V} \times D$$

式中：ρ——样品中吡啶的浓度（mg/m³）；

　　　ρ_f——根据工作曲线查得吡啶的浓度（μg/mL）；

　　　V_f——吸收液定容体积（mL）；

　　　D——稀释倍数；

　　　V——根据相关质量标准或排放标准采用相应状态下的采样体积（L）。

③结果表示。测定结果的小数点后位数的保留与方法检出限一致，最多保留三位有效数字。

2）环境空气中苯系物的测定

苯系物是衡量地表水（河流）污染程度、饮用水水质的主要指标之一，是水环境监测优先管控的主要污染物。因此，合适的水中苯系物测定方法以及准确、快速使获得测定结果对（饮用）水质安全甚至环境应急等方面都具有积极作用，也可为管理部门的科学决策提供有力支撑。

（1）检测原理。用填充聚 2,6- 二苯基对苯醚（Tenax）采样管，在常温条件下，富集环境空气或室内空气中的苯系物，采样管连入热脱附仪，加热后将吸附成分导入带有氢火焰离子化检测器（FID）的气相色谱仪进行分析。

（2）仪器和设备。

①气相色谱仪：配有氢火焰离子化检测器。

②色谱柱。

a. 填充柱：材质为硬质玻璃或不锈钢，长 2 m，内径 3 ～ 4 mm，内填充涂附 2.5％ 邻苯二甲酸二壬酯（DNP）和 2.5％ 有机皂土 –34（bentane）的 Chromsorb G·DMCS（80 ～ 100 目）。

b. 毛细管柱：固定液为聚乙二醇（PEG–20M，30 m × 0.32 mm × 1.00 μm）或等效毛细管柱。

③热脱附装置。具有一级脱附或二级脱附功能。热脱附单元能连续调温，最高温度能达到 300 ℃。当温度达到设定值后，温度可保持恒定。采样管装到热脱附仪

上后，采样管两端及整个系统不漏气。与气相色谱仪连接的传输线温度应能保持在 100 ℃以上。

④老化装置。温度在 200 ～ 400 ℃之间可控，同时保持一定的氮气流速。

⑤样品采集装置。无油采样泵，流量范围 0.01 ～ 0.1 L/min 和 0.1 ～ 0.5 L/mim，流量稳定。

⑥采样管。采样管的材料为不锈钢或硬质玻璃，内填不少于 200 mg 的 Tenax（60 ～ 80 目）吸附剂（或其他等效吸附剂），两端用孔隙小于吸附剂粒径的不锈钢网或石英棉固定，防止吸附剂掉落。管内吸附剂的位置至少离管入口端 15 mm，填装吸附剂的长度不能超过加热区的尺寸。

⑦温度计：精度 0.1 ℃。

⑧气压表：精度 0.01 kPa。

⑨微量进样器：1 ～ 5 μL。

⑩一般实验室常用仪器、设备。

（3）试剂与耗材。

①甲醇：色谱纯。

②标准储备溶液：取适量色谱纯的苯、甲苯、乙苯、邻二甲苯、间二甲苯、对二甲苯、异丙苯和苯乙烯配制于一定体积的甲醇中。

③载气：氮气，纯度 99.999％，用净化管净化。

④燃烧气：氢气，纯度 99.99％。

⑤助燃气：空气，用净化管净化。

（4）样品。

①采样管的准备。新填装的采样管应用老化装置或具有老化功能的热脱附仪老化，老化流量为 50 mL/min，温度为 350 ℃，时间为 120 min；使用过的采样管应在 350 ℃下老化 30 min 以上。老化后的采样管两端立即用聚四氟乙烯帽密封，放在密封袋或保护管中保存。密封袋或保护管存放于装有活性炭的盒子或干燥器中，在温度为 4 ℃的环境中保存。老化后的采样管应在两周内使用。

②样品采集。采样前应对采样器进行流量校准。在采样现场，将一支采样管与空气采样装置相连，调整采样装置流量，此采样管仅用于调节流量，不用于采样分析。

常温下，将老化后的采样管去掉两侧的聚四氟乙烯帽，按照采样管上流量方向与采样器相连，检查采样系统的气密性。以 10 ～ 200 mL/min 的流量采集空气 10 ～ 20 min。若现场大气中含有较多颗粒物，可在采样管前连接过滤头。同时记录采样器流量、当前温度和气压。在 20 ℃下，苯系物各组分在填装有 200 mg 的 Tenax-TA 吸附管中的安全采样体积。

采样完毕前，再次记录采样流量，取下采样管，立即用聚四氟乙烯帽密封。

③样品保存。采样管采样后，立即用聚四氟乙烯帽将采样管两端密封，在温度为 4 ℃的环境中避光密闭保存，30 d 内分析。

④现场空白样品的采集。将老化后的采样管运输到采样现场，取下聚四氟乙烯帽后再重新密封，不参与样品采集，并同已采集样品的采样管一同存放。每次采集样品，都应采集至少一个现场空白样品。

（5）分析步骤。

①仪器的选择。当选用的热脱附装置只具有一级脱附功能时，宜选用带有填充柱的气相色谱仪。当选用的热脱附装置具有二级脱附功能时，应选用带有毛细管柱的气相色谱仪。

选择毛细管柱时，根据二级脱附聚焦管的推荐热脱附流量选择毛细管柱内径。一般情况下，聚焦管推荐热脱附流量低于 2.0 mL/min 时，可选用内径为 0.25 mm 的毛细管柱；当聚焦管推荐热脱附流量大于 2.0 mL/min 时，可选用内径在 0.32mm 以上的毛细管柱。固定液为聚乙二醇，膜厚大于 1.0 μm 的毛细管柱对目标组分有较好的分离。

②分析条件。

a. 一级热脱附、填充柱气相色谱参考条件。

热脱附仪的参考条件：载气流速为 50 mL/min；阀温为 100 ℃；传输线温度为 150 ℃；脱附温度为 250 ℃；脱附时间为 3 min。

填充柱气相色谱参考条件：载气流速为 50 mL/min；进样口温度为 150 ℃；检测器温度为 150 ℃；柱温为 65 ℃；氢气流量为 40 mL/min；空气流量为 400 mL/min。

b. 二级热脱附、毛细管柱气相色谱参考条件。

热脱附仪参考条件：采样管初始温度为 40 ℃；聚焦管初始温度为 40 ℃；干吹温度为 40 ℃；干吹时间为 2 min；采样管脱附温度为 250 ℃；采样管脱附时间为 3 min；采样管脱附流量为 30 mL/min；聚焦管脱附温度为 250 ℃；聚焦管脱附时间为 3 min；传输线温度为 150 ℃。

　　毛细管柱气相色谱参考条件：柱箱温度为 80 ℃恒温；柱流量为 3.0 m/min；进样口温度为 150 ℃；检测器温度为 250 ℃；尾吹气流量为 30 mL/min；氢气流量为 40 mL/min；空气流量为 400 mL/min。

　　③校准。校准曲线绘制步骤如下：分别取适量的标准储备溶液，用甲醇稀释并定容至 1.00 mL，配制浓度依次为 5 μg/mL、10 μg/mL、20 μg/mL、50 μg/mL 和 100 μg/mL 的校准系列。

　　将老化后的采样管连接于其他气相色谱仪的填充柱进样口，或与气相色谱仪填充柱进样口有类似功能的自制装置，设定进样口（装置）温度为 50 ℃，用注射器注射 1.0 μL 标准系列溶液，用 100 mL/min 的流量通载气 5 min，迅速取下采样管，用聚四氟乙烯帽将采样管两端密封，得到 5 ng、10 ng、20 ng、50 ng 和 100 ng 校准曲线系列采样管。将校准曲线系列采样管按吸附标准溶液时气流相反方向接入热脱附仪分析，根据目标组分质量和响应值绘制校准曲线。

　　④测定。将样品采样管安装在热脱附仪上，样品管内载气流的方向与采样时的方向相反，调整分析条件，目标组分脱附后，经气相色谱仪分离，由 FID 检测。记录色谱峰的保留时间和相应值。

　　a. 定性分析。根据保留时间定性。

　　b. 定量分析。根据校准曲线计算目标组分的含量。

　　⑤空白试验。现场空白管与已采样的样品管同批测定，分析步骤同测定步骤。

　　（6）结果计算和表述。气体中目标化合物浓度按下式计算。

$$\rho = \frac{W - W_0}{V_{nd} \times 1\,000}$$

式中：ρ——气体中被测组分浓度（mg/m³）；

　　　　W——热脱附进样，由校准曲线计算的被测组分的质量（ng）；

　　　　W_0——由校准曲线计算的空白管中被测组分的质量（ng）；

　　　　V_{nd}——标准状态下（101.325 kPa，0 ℃）的采样体积（L）。

5 气相色谱 - 质谱联用仪管理与应用

气相色谱 - 质谱（GC-MS）仪包括 GC 模块、MS 模块、GC-MS 接口模块、仪器控制模块和软件模块。气相色谱作为进样系统，充分发挥其在分离和灵敏度方面的优势，对样品进行有效分离，同时满足质谱分析对样品单一性的要求，避免了样品受污染，有效控制质谱进样量，减少对质谱仪器的污染，极大地提高了对混合物的分离、定性和定量分析效率。质谱作为检测器，检测的是离子质量，获得化合物的质谱图，解决了气相色谱定性的局限性。气相色谱 - 质谱联用法结合了气相色谱和质谱的优点，弥补了各自的缺陷，因而具有分析速度快、灵敏度高、鉴别能力强等特点，可同时完成待测组分的分离和鉴定，特别适用于多组分混合物中未知组分的定性定量分析、化合物的分子结构判别、化合物分子量测定。气相色谱 - 质谱联用仪适宜分析小分子、易挥发、热稳定、能气化的化合物，基本上能对一切可气化的混合物进行有效分离，并能对其组分进行准确的定性、定量。气体相色谱 - 质谱联用仪器在许多领域都有广泛的应用，是目前能够为 pg 级试样提供结构信息的最主要分析工具之一。

5.1　气相色谱 - 质谱实验室环境要求

气相色谱 - 质谱联用仪属于高精密分析仪器，对于环境温度、湿度、压力、风速和电流都有严格的要求。气相色谱 - 质谱联用仪正常工作条件和气相色谱仪基本相同，但质谱模块如果频繁断电，容易损坏，因此要求有稳定的电源。气相色谱 - 质谱联用仪正常工作条件如下。

（1）环境温度：5 ～ 35 ℃。

（2）相对湿度：20% ～ 80%。

（3）周围无强电磁场干扰，无腐蚀性气体，无强烈震动。

（4）供电电源：交流电压（220±22）V，频率（50±0.5）Hz。最好配备稳压电源。

（5）接地要求：仪器可靠接地（接地电阻≤4Ω）。

（6）通风良好，无强烈对流。

教学类气相色谱－质谱实验室主要是上机实验室，前处理实验室可以使用气相色谱前处理操作实验室。以30人教学班级为例，教学类气相色谱实验室上机实验室设备包含空调、通风装置、样品柜、试剂柜、耗材柜、操作台、讲台、投影仪、气相色谱－质谱联用仪、气瓶柜、电脑等（图5-1）。气瓶柜可以放置氦气（必须使用高纯氦气），通过管路与气相色谱－质谱联用仪连接，用于上机使用。由于气相色谱－质谱联用仪价格昂贵，通常只能购买少量几台用于教学。利用投屏等技术，可将教师操作内容实时投屏至学生电脑，学生可以实时查看学习。同时，学生可以利用电脑进行软件参数设置、数据分析等练习。

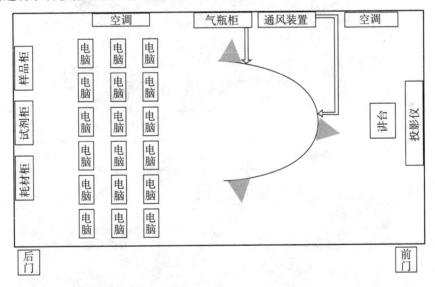

图5-1　教学类气相色谱实验室上机实验室布局图

5.2　气相色谱－质谱实验室配置要求

气相色谱－质谱实验室主要设备如表5-1所示，主要包含气相色谱－质谱联用仪、电脑、投影仪、空调、分析天平、氮吹仪、恒温恒湿箱、UPS电源、万向排烟罩、通风橱、离心机、旋转蒸发仪、冰箱、移液器、气瓶柜及气体控制装置、石墨消解仪、涡旋混合器等，其中气相色谱－质谱联用仪、电脑、分析天平、万向排烟罩、气瓶柜及气体控制装置为气相色谱－质谱检测必需的设备。设备的数量依据使用频率和使用人数而定，通常建议至少准备2套。依据检测项目的不同，所需设备的种类也会有所不同。

表5-1　气相色谱实验室主要设备一览表

序　号	仪器名称	功　能
1	气相色谱－质谱联用仪	检测
2	电脑	控制仪器和数据计算
3	投影仪	教学展示
4	空调	控温控湿
5	分析天平	样品称量
6	氮吹仪	样品前处理
7	恒温恒湿箱	样品前处理
8	UPS电源	保证气相色谱－质谱联用仪电源稳定
9	万向排烟罩	通风
10	通风橱	样品前处理，通风
11	离心机	样品前处理
12	旋转蒸发仪	样品前处理
13	冰箱	样品存放
14	移液器	样品移取
15	气瓶柜及气体控制装置	氦气钢瓶存放及连接
16	石墨消解仪	样品消化前处理
17	涡旋混合器	样品前处理

市场上部分气相色谱－质谱联用仪型号和性能指标如表5-2所示。

表5-2　市场上部分气相色谱-质谱联用仪型号和性能指标

气相色谱－质谱联用仪型号	主要性能指标
福立 S900 GC–MSD	质量范围 1.0 ～ 1 200 amu；分辨率 1；灵敏度 > 2 500：1；扫描速度 20 000 u/s；升温速率 > 200 ℃/min；压力控制精度 0.001 psi
天瑞 GC–MS 6800	质量范围 1.5 ～ 1 000 amu；分辨灵敏度 1 pg；扫描速度最高 10 000 amu/s
普析 M6	质量范围 1.5 ～ 1 050 amu；分辨率（R）W1/2<1 amu（单位质量分辨）；质量稳定性 0.1 amu/48 h；最大扫描速度 10 000 amu/s
谱育 EXPEC 3700	检测灵敏度高，采用脉冲式内离子源技术，结合吸附热解吸技术，在现场对多数 VOCs 的检出限都可达 1 ppb 以下；测量准确度高，具有预抽和反吹功能；便携性能良好，体积小，重量轻；抗震性能优异；仪器维护方便，可实现一键全仪器维护，自动依次完成各个维护步骤，同时具有自动维护功能，可在无人值守的条件下自动进行仪器周期性自检、系统维护等操作
安捷伦 6890N–5973N	EI 灵敏度 1 pg；PCI 灵敏度 100 pg；NCI 扫描灵敏度 1 pg
赛默飞 ISQ	质量数范围 1.2 ～ 1 100 u；真空锁定装置支持离子源整体拆卸，无需放真空；全扫描/SIM 交替扫描在一次进样中实现定性和定量分析
岛津 GCMS–QP2010 Ultra	高灵敏度，即在扫描速度提高（大于 10 000 u/sec）的同时不牺牲灵敏度；Scan/SIM 同时扫描；具有 Easy sTop 功能，无需释放质谱真空便可以进行进样口维护，从而使停机时间最短化；双柱 MS 系统，能够容许两根窄口径毛细管柱同时与质谱仪连接，无需更换色谱柱即可应对不同应用需求

5.3　气相色谱－质谱实验室日常管理要求

　　气相色谱－质谱实验室日常管理通常需要关注使用环境、仪器使用频率、气体钢瓶，强化日常管理，这对于保障实验室的使用效率和使用安全有重要的作用。表5-3、表 5-4、表 5-5、表 5-6 分别为气相色谱－质谱实验室使用记录表、气相色谱－质谱实验室例行检查清单、气相色谱－质谱实验室专项检查记录表、气相色谱－质谱实验室使用统计表，这些表格为实验室日常精准管理提供了参考。表 5-7 气相色谱－质谱实验室维修记录表则对气相色谱－质谱联用仪的维护提供了参考。

表5-3 气相色谱-质谱实验室使用记录表

序 号	实验室名称	仪器型号和名称	样品名称	气体钢瓶	真空泵	使用时间	使用人

表5-4 气相色谱-质谱实验室例行检查清单

序 号	检查事项	检查结果打"√"	备 注
1	教学签到表是否填写		
2	教学实训工作日志是否填写		
3	实训室使用登记表是否填写		
4	卫生是否干净（地面、桌面、水池等）		
5	灯是否全部关闭		
6	窗户是否全部关闭		
7	门是否关闭（前后门）		
8	气相色谱 – 质谱联用仪是否干净无尘		
9	气体钢瓶是否关闭		
10	空调是否关闭		
11	电源总闸是否关闭		
12	实验室桌面是否整洁		

表5-5 气相色谱-质谱实验室专项检查记录表

序 号	实验室名称	仪器型号和名称	卫生情况	仪器是否有异常状况	使用时间	使用记录表是否填写完整	检查时间	检查人

表5-6 气相色谱-质谱实验室使用统计表

序 号	实验室名称	仪器型号和名称	使用机时	培训人数	测样数	教学实验项目数	科研项目数	社会服务项目数	责任人

表5-7 气相色谱-质谱实验室维修记录表

序 号	实验室名称	仪器型号和名称	故障原因	故障发生时间	简要维修过程	维修时间	维修人

5.4 气相色谱－质谱联用仪常见故障分析及解决方案

表5-8罗列了气相色谱－质谱联用仪常见故障及解决方案，为操作人员自行解决部分问题提供了参考。

表5-8 气相色谱-质谱联用仪常见故障分析及解决方案

序号	常见故障	原因分析	解决方案
1	图谱上出现鬼峰	通常是进样口隔垫时间太长，有漏气或者橡胶老化掉入衬管中，加热后挥发出有机物进入色谱柱，被检测器检测出现在图谱上	更换进样口隔垫，更换或清洗衬管

序号	常见故障	原因分析	解决方案
2	图谱上出现基线不稳、拖尾、分叉、峰形差	通常是检测器污染，长时间没有清洗	清洗离子源
3	图谱上出现分离度不好	通常因为色谱柱被污染	热清洗或者老化，截柱
4	EM 电压突然升高，超 2 000，峰宽异常，基峰个数超过 200，丰度值异常	通常是因为离子源脏，或者有部件损坏	放空真空腔，拆解离子源仔细检查，清洗
5	空气/水检查不符合 $H_2O \leqslant 20$，$N_2 \leqslant 10\%$，$O_2 \leqslant 10\%$，$CO_2 \leqslant 20\%$ 中任何一个时	换气时，特别是新换的气源，因为管路短暂暴露在空气中，可能有空气进入；若空气/水检查仍不合格，调谐报告不合格，不可强制进样，会污染色谱柱、检测器，造成更严重的故障	1.先检查是否漏气，包括进样口、管路、真空腔、色谱柱接口是否漏气，然后检查气源，可以拧松 GC 进气口，放气 30 s 左右拧紧，进行调谐 2.检查捕集阱是否饱和。将捕集阱去除，进行调谐检查，若合格，表示捕集阱达到饱和，需更换。若无变化，应及时更换气源
6	m/z 28 谱线丰度过大	载气纯度不够或剩余的载气量不够时	根据所用载气质量，当气瓶的压力降低到几个 MPa 时，应更换载气，以防止瓶底残余物对气路的污染
7	m/z 32 的谱线丰度过大	脱氧管使用时间过长，吸附的氧气会随着载气进入仪器	应及时更换净化装置。安装时，必须用氮气将脱氧管内和管线里的氮气吹扫干净，再接至仪器上
8	开机后真空上不去，几分钟后前极泵自动关闭	一般是由于大量漏气	需要检查侧板是否紧闭、放空阀是否关闭、柱子是否接好
9	分子涡轮泵转速上不去或扩散泵不加热	侧板没有合紧的情况下开启质谱，大量空气进入	启动质谱时应紧推侧板，等自动吸紧时再松手
10	使用自动进样器时遇到重现性不好的问题	样品粘度大，抽样速度太快，有气泡存在	检查自动进样器参数，并正确设置合适的粘度、抽吸速度等参数

续　表

序号	常见故障	原因分析	解决方案
11	更换进样隔垫时，气相色谱的所有加温部分自动关闭，气相色谱仪具备漏气保护功能，需重新开机才能开启	更换进样隔垫时，流量不关闭，当旋开进样口螺帽时，大量载气漏失	更换进样隔垫时，先将柱温降至 50 ℃以下，关掉进样口温度和流量
12	清洗离子源时打开腔体后密封不严	门上的密封圈上只要沾了一点点肉眼无法察觉的毛发或绒线就会引起漏气	戴上尼龙手套清洁，这对于处理离子源是很重要的，但是对于处理密封圈来说，不戴手套的效果更好。原因是手上多少会有一些油脂，只要沿着密封圈用手抹上一圈，可以有效地消除绒线的影响
13	换柱或清洗离子源后，抽真空的速率与平时比，相差太远	考虑是否是安装不当，漏气	应早些降温，关机处理
14	MS 部分的空气泄漏	通常是在传输线末端的色谱柱螺帽处发生	在安装毛细管柱时，上面螺帽的紧实度要适当，太紧就易将石墨圈磨碎，最后出现漏气现象。通常是直接用手将它拧紧，再采用扳手拧大约14圈
15	在调谐中，增益部分所展开的校正不能实现，无法体现 m/z 502 的特征峰，以及电子倍增管的电压提升程度较大，接近 100 V	可能是离子盒、透镜或预杆不干净	需要进行整理与清洗，干净后再进行调谐

5.5　典型气相色谱－质谱联用仪应用实验项目

5.5.1　气相色谱－质谱联用仪使用简要流程

（1）开机：依次打开氦气钢瓶、质谱仪、气相色谱仪、计算机。调节氦气压力。

（2）系统配置：检查设置过的已用于分析的组件。

（3）真空控制系统启动。

（4）检查泄漏：真空控制完成后（系统的高真空度达到 3×10^{-4} 或 4×10^{-4} 后），单击调谐图标，再点峰检测窗。

（5）自动调谐：此步需要在启动仪器后大约 2 h（定性分析）或 4 h（定量分析）后进行。

（6）设置方法。

（7）进样和进样后操作。

（8）关机时，先卸真空，各部位降温后，关计算机，最后依次关气相色谱仪、质谱仪和气路。

（9）填写仪器使用登记本。

5.5.2　气相色谱 – 质谱联用仪在食品安全领域的应用实验项目

1）肉及肉制品中双硫磷残留量测定

化学杀蚊幼剂的主要有效成分有双硫磷、倍硫磷、毒死蜱、甲基嘧啶磷等，其中双硫磷是 WHO 推荐的首选灭蚊蚴杀虫剂。

（1）检测原理。试样中残留的双硫磷用乙腈 – 甲醇混合液（体积比为 4：1）提取，提取液用三氯甲烷萃取，三氯甲烷经浓缩至干，残渣用正己烷溶解，溶液过弗罗里硅土柱净化。用乙酸乙酯 – 正己烷混合液（体积比为 3：7）洗脱，洗脱液经浓缩后用正己烷定容，溶液供气相色谱 – 质谱法测定，外标法定量。

（2）仪器和设备。

①气相色谱 – 质谱联用仪：配电子轰击离子源（EI 源）。

②分析天平：感量 0.01 g 和 0.000 1 g。

③离心机。

④捣碎机。

⑤旋转蒸发器。

⑥微量注射器：10 μL。

⑦振荡器。

（3）试剂与耗材。

①试剂。

a. 乙腈（C_2H_3N）：色谱纯。

b. 甲醇（CH_3O）：色谱纯。

c.三氯甲烷（$CHCl_3$）：色谱纯。

d.乙酸乙酯（$C_4H_8O_2$）：色谱纯。

e.正己烷（C_6H_{14}）：色谱纯。

f.无水硫酸钠（Na_2SO_4）：650 ℃灼烧4 h，贮于密封容器中冷却后备用。

g.丙酮（C_3H_6O）：色谱纯。

②耗材。弗罗里硅土柱：4 g。

（4）试剂配制。

①硫酸钠溶液：5％水溶液。

②乙腈－甲醇混合液（体积比为4∶1）：取400 mL乙腈，加入100 mL甲醇，摇匀备用。

③乙酸乙酯－正己烷混合液（体积比为3∶7）：取300 mL乙酸乙酯，加入700 mL正己烷，摇匀备用。

（5）标准品及标准溶液制备。

①双硫磷标准物质：纯度≥98.0％。

②双硫磷标准溶液配制：准确称取适量的双硫磷标准品，用少量苯溶解，然后用正己烷配制成浓度为2.0 mg/mL的标准储备溶液，在冰箱里冷藏保存。根据需要，用正己烷稀释成适当浓度的标准工作溶液。

（6）分析步骤。

①试样制备。取有代表性的样品约1 000 g，经粉碎机粉碎、混匀，均分成两份，分别装入洁净容器作为试样，密封，并标明标记。

②试样保存。将试样于–18 ℃以下冷冻保存。在制样的操作过程中，必须防止样品污染或发生残留物含量的变化。

③提取。称取约10 g试样（精确至0.1 g）于锥形瓶中，加入50 mL乙腈－甲醇混合液（体积比为4∶1），振荡30 min。以4 000 r/min的转速离心15 min，移取上清液于一分液漏斗中。再分别用3×25 mL甲醇洗涤试样三次，洗液与前述上清液合并于同一分液漏斗中。

④净化。在上述分液漏斗中加入100 mL硫酸钠水溶液及50 mL三氯甲烷，振荡5 min，静置分层后，将下层三氯甲烷溶液经放有无水硫酸钠的漏斗流入一烧瓶中。再分别用50 mL三氯甲烷提取两次，合并三氯甲烷提取液，在旋转蒸发器上浓缩至干，加入5 mL正己烷以溶解残渣。用20 mL正己烷预淋洗弗罗里硅土柱，弃去流出

液。将上述溶液倒入柱内，并用 10 mL 正己烷分数次洗涤烧瓶，倒入柱内，弃去流出液。最后用乙酸乙酯 – 正己烷混合液（体积比为 3：7）洗脱，收集洗脱液 50 mL 于梨形瓶中。用旋转蒸发器浓缩至近干，用正己烷定容至 1 mL，作为试样，供气相色谱 – 质谱测定。

⑤测定。

a. 气相色谱 – 质谱参考条件。色谱柱为 HP–5MS（5 % 苯基二甲基聚硅氧烷）石英毛细管柱（30 m × 0.25 mm × 0.25 μm）或性能相当者；载气：氦气，纯度 ≥ 99.999 %，流速 1.0 mL/min；色谱柱：初始温度 100 ℃，以 20 ℃/min 升温速率升至 280 ℃，保持 15 min；进样口 50 ℃；进样量 1 μL；进样方式为不分流进样，1 min 后开阀；离子源为 EI；离子源温度 200 ℃；接口温度 280 ℃；测定方式为选择离子监测方式，选择监测离子（m/z）466、467、434、125。

b. 色谱测定与确证。根据样液中双硫磷的含量，选定浓度相近的标准工作溶液，待测样液中双硫磷的响应值应在仪器检测的线性范围内。对标准工作溶液及样液等体积参插进样测定。在上述仪器条件下双硫磷保留时间约为 18.02 min。标准溶液及样液均按上述参考条件进行测定，如果样液与标准溶液在相同保留时间出峰，则对其进行确证。经确证分析，被测物质色谱峰保留时间与标准物质一致，并且在扣除背景后的样品质谱图中，所选择的离子均出现；同时所选择离子的相对离子丰度与标准物质相关离子的相对离子丰度一致，相对离子丰度在允许偏差范围内（表 5–9），被确证的样品可判定为双硫磷阳性检出。

表5-9 定性确证时相对离子丰度的最大允许偏差

相对丰度（基锋）	>50 %	>20 % 至 50 %	>10 % 至 20 %	≤ 10 %
允许的相对偏差	± 20 %	± 25 %	± 30 %	± 50 %

⑥空白实验。除不加试样外，均按上述测定步骤进行。

（7）结果计算和表述。按下式计算试样中双硫磷的含量。

$$X = \frac{c \times V}{1000 \times m}$$

式中：X——样品中双硫磷的含量（mg/kg）；

c——由标准曲线查得双硫磷的浓度（mg/L）；

V——样品稀释后的总体积（L）；

m——样品质量（g）。

计算结果应扣除空白值，测定结果用平行测定的算术平均值表示，保留两位有效数字。

2）食品中苯醚甲环唑残留量的测定

苯醚甲环唑是一种三唑类杀菌剂，具有高效、广谱和内吸传性强的特点，广泛应用于水果和蔬菜等作物上。研究表明，苯醚甲环唑在田间施用会对蚯蚓和土壤微生物等产生影响，如可抑制蚯蚓体内谷胱甘肽过氧化物酶活性，改变土壤中微生物群落组成，对土壤中的真菌产生毒害作用等，进而影响农田的可持续利用。

（1）检测原理。试样中的苯醚甲环唑用乙酸乙酯提取，经串联活性炭和中性氧化铝双柱法或弗罗里硅土单柱法固相萃取净化后，由气相色谱－质谱联用仪测定与确证，外标法定量。

（2）仪器和设备。

①气相色谱－质谱仪：配有负化学离子源（NCI）。

②分析天平：感量 0.01 g 和 0.000 1 g。

③固相萃取装置：带真空泵。

④组织捣碎机。

⑤粉碎机。

⑥离心机。

⑦旋转蒸发器。

（3）试剂与耗材。

①试剂。

a. 乙酸乙酯（$C_4H_8O_2$）：色谱纯。

b. 正己烷（C_6H_{14}）：色谱纯。

c. 丙酮（C_3H_6O）：色谱纯。

d. 无水硫酸钠（Na_2SO_4）：经 650 ℃灼烧 4 h，置于密闭容器中备用。

②耗材。

a. 活性炭固相萃取柱：250 mg，3 mL，也可以选用性能与之相当者。

b. 中性氧化铝固相萃取柱：$N-Al_2O_3$，250 mg，3 mL，也可以选用性能与之相当者。

c. 弗罗里硅土固相萃取柱：Florisil，0.5 g，3 mL，也可以选用性能与之相当者。

（4）溶液配制。正己烷 – 丙酮（体积比为 3 ∶ 2）混合溶剂：取 300 mL 正己烷，加入 200 mL 丙酮，摇匀备用。

（5）标准品及标准溶液制备。

①苯醚甲环唑标准物质：纯度 ≥ 99.5％。

②标准溶液配制。

a. 苯醚甲环唑标准储备溶液：准确称取适量的苯醚甲环唑标准品，用乙酸乙酯稀释配制成 200 μg/mL 的标准储备溶液，在温度为 4 ℃ 的条件下保存。

b. 苯醚甲环唑标准工作溶液：根据需要用正己烷稀释成适当浓度的标准工作溶液，在温度为 4 ℃ 的条件下保存。

（6）分析步骤。

①试样制备。

a. 蔬菜或水果类：取有代表性的样品 500 g，将其切碎后，依次用捣碎机将样品加工成浆状，混匀，均分成两份，作为试样，分别装入洁净的容器内，密闭并标明标记。

b. 茶叶、坚果及粮谷类：取有代表性的样品 500 g，用粉碎机粉碎并通过 2.0 mm 圆孔筛，混匀，分别装入洁净的容器内，密闭并标明标记。

c. 肉及肉制品：取有代表性的样品 500 g，将其切碎后，依次用捣碎机将样品加工成浆状，混匀，分别装入洁净的盛样袋内，密封并标明标记。

d. 调味品：取有代表性的样品 500 g，混匀，分别装入洁净的容器内，密闭并标明标记。

e. 蜂产品：取有代表性的样品量 500 g，对无结晶的蜂蜜样品，将其搅拌均匀；对有结晶析出的蜂蜜样品，在密闭情况下，将样品瓶置于不超过 60 ℃ 的水浴中温热，振荡，待样品全部融化后搅匀，迅速冷却至室温，在融化时必须注意防止水分挥发。制备好的试样均分成两份，分别装入样品瓶中，密封，并标明标记。

f. 姜粉、花椒粉：取有代表性的样品约 100 g，充分混合均匀，过 2.0 mm 圆孔筛，装入洁净容器内，密闭，标明标记。

g. 花生：取有代表性的样品 500 g，用磨碎机全部磨碎。混匀，装入洁净的容器内密闭，标明标记。

②试样保存。茶叶、蜂产品、调味品及粮谷类等试样于 4 ℃ 保存；水果蔬菜类

和肉及肉制品类等试样于 -18 ℃以下冷冻保存。在样品的制作过程中，应防止样品受到污染或发生残留物含量的变化。

③提取。对于含水量较低的或油脂含量较高的样品（如茶叶、大米、豆类、肉及肉制品、蜂产品等），准确称取 5 g 均匀试样（精确至 0.01 g）。对于含水量较高的试样（如蔬菜、水果、酱油及醋类调味品等），准确称取 10 g 均匀试样（精确至 0.01 g）。将称取的样品置于 250 mL 的具塞锥形瓶中，加入 50 mL 乙酸乙酯，加入 15 g 无水硫酸钠，放置于振荡器中振荡 40 min，过滤到 150 mL 浓缩瓶中。再加入 20 mL 乙酸乙酯，重复提取一次，合并提取液，在 40 ℃下减压浓缩至干。用 3 mL 正己烷溶解，待净化。

④净化。

a.含色素较高的样品：将活性炭小柱与中性氧化铝小柱串联，依次用 5 mL 丙酮、5 mL 正己烷活化，将正己烷提取溶液过柱，过完后再用 3 mL 正己烷清洗瓶子并过柱，保持液滴流速约为 2 mL/min。去掉滤液，抽干后，用 5 mL 正己烷－丙酮（体积比为 3∶2）混合溶剂进行洗脱。收集洗脱液于 10 mL 小试管中，于 40 ℃水浴中氮气吹干，用正己烷定容至 1.0 mL，并过 0.45 μm 有机相滤膜，供气相色谱－质谱测定和确证。

b.蜂产品或油脂含量较高的样品：将弗罗里硅土固相萃取小柱依次用 5 mL 丙酮、5 mL 正己烷活化，然后将正己烷提取溶液过柱，之后的步骤同含色素较高的样品的净化步骤。

⑤测定。

a.气相色谱－质谱参考条件：色谱柱为石英弹性毛细管柱 DB-17ms，30 m × 0.25 mm，膜厚 0.25 μm，也可选用性能相当者；色谱柱以 10 ℃/min 的升温速率从 200 ℃升至 300 ℃，保持 10 min；进样口温度 300 ℃；色谱－质谱接口温度 280 ℃；载气为氦气，纯度 ≥ 99.999%，流速 1.0 mL/min；进样量 1 μL；进样方式为不分流进样，1.5 min 后开阀；电离方式为 NCI；电离能量 216.5 eV；离子源温度 150 ℃；四极杆温度 150 ℃；反应气为甲烷，纯度 ≥ 99.99%，反应气流速为 2 mL/min；检测方式为选择离子监测方式（SIM）；选择监测离子（m/z）中定量离子 348，定性离子 310、350、405；溶剂延迟时间 12 min。

b.色谱测定与确证：根据样液中苯醚甲环唑的含量，选定峰面积相近的标准工作溶液，对标准工作溶液和样液等体积参插进样。标准工作溶液和样液中苯醚甲环唑的相应值均应在仪器的线性范围内。如果样液与标准工作溶液的选择离子色谱图中，在相同保留时间处有色谱峰出现，并且在扣除背景后的样品质量色谱图中，所选离子均出现，所选择离子的丰度比与标准品对应离子的丰度比，其值在允许范围内。在上述气相色谱－质谱参考条件下，苯醚甲环唑的保留时间是 15.74 min，其监测离子（m/z）丰度比为 310：348：350：405=45：100：67：13，对其进行确证；根据定量离子 m/z 348，对其进行外标法定量。

⑥空白实验。除不加试样外，均按上述测定步骤进行。

（7）结果计算和表述。用色谱数据处理机或按下式计算试样中苯醚甲环唑残留量。

$$C_X = \frac{A_x \times C_S \times V_X}{A_s \times m}$$

式中：X——试样中苯醚甲环唑残留量（μg/g）；

C_s——标准工作溶液中苯醚甲环唑的浓度（μg/mL）；

A_x——样液中苯醚甲环唑定量离子的峰面积；

A_s——标准工作溶液中苯醚甲环唑定量离子的峰面积；

V_x——样液最后定容体积（mL）；

m——最终样液所代表的试样质量（g）。

计算结果应扣除空白值，测定结果用平行测定的算术平均值表示，保留两位有效数字。

5.5.3 气相色谱－质谱联用仪在化妆品安全领域的应用实验项目

1）化妆品中 4- 氨基偶氮苯和联苯胺含量的测定

4- 氨基偶氮苯俗称对氨基偶氮苯、对苯基偶氮胺，是一种偶氮类染料中间体，曾广泛应用于酸性染料、分散染料的生产中。4- 氨基偶氮苯为微带灰色的结晶或粉末，熔点为 126 ℃，微溶于水，溶于乙醇、乙醚、氯仿、苯和油类。4- 氨基偶氮苯是一种有害芳香胺，具有致畸、致突变作用。

（1）检测原理。样品在氨水－氯化铵缓冲溶液（pH= 9.5）中经叔丁基甲醚超声萃取后，使用硅胶－中性氧化铝混合填充的固相萃取小柱进行净化，将叔丁基甲醚作为淋洗液，浓缩后进样，经气相色谱仪分离、质谱检测器检测，使用保留时间和特征离子丰度比双重模式定性，各组分以离子峰面积定量，以外标法计算含量。

（2）仪器。

①气相色谱－质谱仪。

②分析天平。

③超声波振荡器。

④离心机。

⑤氮气吹扫装置。

⑥玻璃固相萃取柱：内径 1 cm，长度 10 cm。

⑦圆底螺口玻璃离心管：50 mL。

⑧滤膜：0.45 μm 有机相滤膜。

⑨分液漏斗振荡器。

⑩K–D 浓缩瓶：30 mL。

（3）试剂及材料。除另有规定外，本方法所用试剂均为分析纯或以上规格，水为《分析实验室用水规格和试验方法》（GB/T 6682—2008）规定的一级水。

①4– 氨基偶氮苯，纯度 ≥ 99.0%。

②联苯胺：纯度 ≥ 98.5%。

③正己烷：色谱纯。

④甲醇：色谱纯。

⑤叔丁基甲醚：色谱纯。

⑥无水硫酸钠。

⑦氯化铵。

⑧氨水：25%。

⑨氯化钠。

⑩硅胶：100 ～ 200 目，使用前于 160 ℃下烘 12 h。

⑪中性氧化铝：100 ～ 200 目，使用前于 180 ℃下烘 12 h。

⑫氨水 – 氯化铵缓冲溶液：称取 13.4 g 氯化铵、量取 18.5 mL 氨水于 250 mL 烧杯中，加水溶解后转移至 500 mL 容量瓶，定容，配制成 pH 为 9.5 的缓冲溶液。

⑬标准溶液。

a.4– 氨基偶氮苯标准储备溶液：称取 4– 氨基偶氮苯 10 mg（精确到 0.000 01 g）于 10 mL 容量瓶中，加入少量甲醇溶解，并用甲醇定容至刻度。将标准溶液转移到安瓿瓶中，于 4 ℃保存。

b.联苯胺标准储备溶液：称取联苯胺 10 mg（精确到 0.000 01 g）于 10 mL 容量瓶中，加入少量甲醇溶解，并用甲醇定容至刻度。将标准溶液转移到安瓿瓶中，于 4 ℃保存。

c.混合标准中间溶液：取一定量 4- 氨基偶氮苯和联苯胺的标准储备溶液，用甲醇稀释成浓度为 0.1 mg/mL 混合标准中间溶液。将混合标准中间溶液转移到安瓿瓶中，于 4 ℃保存。

d.混合标准工作溶液的制备。用甲醇将一定量的混合标准中间溶液配制成相应浓度的混合标准工作溶液。将混合标准工作溶液转移到安瓿瓶中，于 4 ℃保存。

（4）提取。称取样品 0.5 g（精确到 0.001 g）于 50 mL 圆底螺口玻璃离心管中，加入 1.0 mL 氨水 – 氯化铵缓冲溶液，振荡混匀，加入 10 mL 叔丁基甲醚，密封，于 45 ℃下超声萃取 15 min。按照化妆品类型进行以下操作。

①液态水基类。待样品冷却后，加入 10 mL 水、5 g 氯化钠，在分液振荡器上振荡 10 min，取下，离心 5 min，移取 5 mL 上层溶液，加入 0.5 g 无水硫酸钠，静置 15 min。将无水硫酸钠除水后的溶液转移至 30 mL K-D 浓缩瓶中，溶液用缓慢的氮气流吹至近干。浓缩过程中采用 8 mL 叔丁基甲醚分三次淋洗 K-D 浓缩瓶内壁，最后用叔丁基甲醚定容至 1.0 mL，过 0.45 μm 滤膜，供 GC-MS 测定。

②液态油基类、膏霜乳液类、粉类。待样品冷却后，离心 5 min，移出上层溶液，加入 0.5 g 无水硫酸钠静置 15 min，将无水硫酸钠除水后的溶液转移至 30 mL K-D 浓缩瓶中，浓缩至 1.0 mL。浓缩过程中用 8 mL 正己烷分三次淋洗 K-D 浓缩瓶内壁，用缓慢的氮气流将溶液吹至近干，加入 0.5 mL 正己烷溶解后进行以下净化步骤：称取 800 mg 硅胶和 1 200 mg 中性氧化铝（质量比为 2 ∶ 3），充分混匀，用干法装入玻璃固相萃取柱，轻敲至实。使用前用 4 mL 叔丁基甲醚预淋洗净化柱，弃去淋洗液。将上述正己烷溶液转移至硅胶 – 中性氧化铝混装的净化柱中，并用 1 mL 正己烷分两次洗涤器皿，洗涤液转移至固相萃取小柱中。待样品过柱后，用 15.0 mL 叔丁基甲醚将目标物洗脱，用 30 mL K-D 浓缩瓶收集洗脱液，氮气吹扫、浓缩至近干。浓缩过程中用 8 mL 叔丁基甲醚分三次淋洗 K-D 浓缩瓶内壁，用叔丁基甲醚定容至 1.0 mL，供 GC-MS 测定。

（5）参考气质条件。

①色谱柱：DB-35 MS 柱（30 m × 0.25 mm × 0.25 μm）或等效色谱柱。

②柱温程序：初始温度 70 ℃，保持 0.5 min 后以 30 ℃ /min 的升温速率升至 270 ℃，保持 2.0 min，再以 25 ℃ /min 的升温速率升至 310 ℃。

③进样口温度：300 ℃。

④接口温度：280 ℃。

⑤四极杆温度：150 ℃。

⑥离子源温度：230 ℃。

⑦载气：氦气（纯度 ≥ 99.999%），恒流方式，流速 1.0 mL/min。

⑧电离方式：EI。

⑨电离能量：70 ev。

⑩监测方式：全扫描 / 选择离子监测（Scan/SIM）同时采集模式。

⑪监视离子范围（m/z）：20 ～ 130。

⑫进样方式：分流进样。

⑬分流比：7 ： 1。

⑭进样量：1.0 μL。

⑮溶剂延迟：3 min。

（6）测定。根据样品中被测组分含量，选定适宜浓度标准系列溶液，使待测溶液中 4- 氨基偶氮苯和联苯胺的响应值均在仪器检测的线性范围内。如果待测溶液的检测响应值超出仪器检测的线性范围，可适当稀释后再进行测定。

在气质条件下，测定混合标准系列溶液及样品溶液。根据表 5–10、表 5–11 中的保留时间、待测组分的特征离子丰度指标进行确证。

表5-10　4-氨基偶氮苯和联苯胺的保留时间及特征离子

序　号	名　称	保留时间（min）	选择离子 m/z	丰度比
1	4- 氨基偶氮苯	9.31	92, 197*, 120, 65	100 ： 40 ： 33 ： 42
2	联苯胺	9.84	184*, 183, 185, 92	100 ： 10 ： 14 ： 12

注："*"为定量离子。

表5-11 4-氨基偶氮苯和联苯胺的特征离子丰度指标

名　称	质量数	允许相对偏差
4-氨基偶氮苯	197	±20%
	120	±20%
	65	±20%
联苯胺	183	±5%
	185	±5%
	92	±10%

注：允许相对偏差为特征离子相对于定量离子丰度的偏差。

（7）结果计算。

①计算。

a. 液态水基类。

$$\omega = \frac{\rho \times V \times 2}{m}$$

式中：m——样品中4-氨基偶氮苯和联苯胺的含量（mg/kg）；

p——由标准曲线得到的待测组分的浓度（mg/L）；

V——样品定容体积（mL）；

m——样品取样量（g）。

计算结果保留到小数点后两位。在重复性条件下获得的两次独立测定结果的绝对差值不得超过算术平均值的15%。

b. 液态油基类、膏霜乳液类、粉类。

$$\omega = \frac{\rho \times V}{m}$$

式中：m——样品中4-氨基偶氮苯和联苯胺的含量（mg/kg）；

p——由标准曲线得到的样品中待测组分的浓度（mg/L）；

V——样品定容体积（mL）；

m——样品取样量（g）。

计算结果保留到小数点后一位。在重复性条件下获得的两次独立测定结果的绝对差值不得超过算术平均值的15%。

②回收率。4-氨基偶氮苯和联苯胺的回收率在85%～115%之间。

2）化妆品中二噁烷含量的测定

二噁烷是单环杂环有机化合物，分子式为 $C_4H_8O_2$，在室温下为无色透明的液体，有轻微类似乙醚的清香，其作为常见的溶剂，广泛应用于化工行业。化妆品中的二噁烷主要是化妆品的组成成分（如表面活性剂、发泡剂、乳化剂等）生产过程中带入的。我国《化妆品安全技术规范（2015年版）》、欧盟化妆品法规均明确规定二噁烷是化妆品中禁用物质。由于二噁烷在化妆品中不可避免的带入性，根据国家食品药品监督管理总局规范性技术文件的要求，《化妆品安全技术规范（2015年版）》收录了二噁烷不超过 30 mg/kg 的限量要求。

（1）检测原理。样品在顶空瓶中经过加热提取后，经气相色谱－质谱法测定，采用离子相对丰度比进行定性，以选择离子监测模式进行测定，以标准加入单点法定量。

（2）仪器。

①气相色谱仪：配有质谱检测器（MSD）。

②顶空进样器或气密针。

③顶空瓶。

④天平。

⑤超声波清洗器。

（3）试剂。除另有规定外，本方法所用试剂均为分析纯或以上规格，水为《分析实验室用水规格和试验方法》（GB/T 6682—2008）中规定的一级水。

①二噁烷：纯度大于99%。

②氯化钠。

（4）试剂配制。称取二噁烷 0.1 g（精确到 0.000 1 g），置于 100 mL 容量瓶中，用去离子水配制成浓度为 1 000 µg/mL 的标准储备溶液。

（5）分析步骤。

①标准系列溶液的制备。

a.标准系列溶液：用去离子水将标准储备溶液分别配制成二噁烷浓度为 0 µg/mL、4 µg/mL、10 µg/mL、20 µg/mL、50 µg/mL、100 µg/mL 的二噁烷标准系列溶液。

b.二噁烷定性标准溶液：取 50 µg/mL 二噁烷标准溶液 1 mL，置于顶空进样瓶中，加入 1 g 氯化钠，加入 7 mL 去离子水，密封后超声，轻轻摇匀，作为二噁烷定性标准溶液。

②样品处理。称取样品 2 g（精确到 0.001 g），置于顶空进样瓶中，加入 1 g 氯

化钠，加入 7 mL 去离子水，分别精密加入二噁烷标准系列溶液 1 mL，密封后超声，轻轻摇匀，作为加二噁烷标准系列溶液的样品。置于顶空进样器中，待测。

③仪器参考条件。

a. 顶空条件：汽化室温度 70 ℃；定量管温度 150 ℃；传输线温度 200 ℃；振荡情况振荡；汽液平衡时间 40 min；进样时间 1 min。

b. 气相色谱－质谱条件：色谱柱为交联 5% 苯基甲基硅烷毛细管柱（30 m×0.25 mm×0.25 μm）或等效色谱柱；色谱柱初始温度为 40 ℃，保持 5 min，以 50 ℃/min 的速率升至 150 ℃，保持 2 min，可根据实验室情况适当调整升温程序；进样口温度 210 ℃；色谱－质谱接口温度 280 ℃；载气为氦气，纯度 ≥ 99.999%，流速 1.0 mL/min；电离方式为 EI；电离能量 70 eV；测定方式为选择离子检测（SIM），选择检测离子 m/z 如表 5-12 所示；进样方式为分流进样，分流比 10 : 1；进样量 1.0 mL。

④测定。

a. 定性。用气相色谱－质谱仪对加二噁烷标准浓度为 0 μg/mL 的样品、二噁烷定性标准溶液进行定性测定，如果检出的色谱峰的保留时间与二噁烷定性标准溶液一致，并且在扣除背景后样品的质谱图中，所选择的检测离子均出现，而且检测离子相对丰度比与标准样品的离子相对丰度比一致（表 5-12），则可以判断样品中存在二噁烷。

表5-12　检测离子和离子相对丰度比

检测离子 m/z	离子相对丰度比（%）	允许相对偏差（%）
88	100	
58	应用标准品测定离子相对丰度比	± 20
43	应用标准品测定离子相对丰度比	± 25

b. 定量。用加标准系列溶液的样品分别进样，以检测离子（m/z）88 为定量离子，以二噁烷峰面积为纵坐标，以二噁烷标准加入量为横坐标进行线性回归，建立标准曲线，其线性相关系数应大于 0.99。

（6）结果计算。

①确定标准加入单点法中用于计算的标准参考量。选择加标为 0 μg/mL 的样品作为样品取样量（m），根据样品（m）的峰面积（A_i），选择加入二噁烷标准品后二噁烷的峰面积（A_s）与 2 A_i 相当的加标样品（m_i）作为计算用标准（m_s），应用标准加入单点法对样品进行计算。

②计算。

$$\omega = \frac{m_s}{\left[(A_s/A_i)-(m_i/m)\right]\times m}$$

式中：ω——样品中二噁烷的含量（μg/g）；

m_s——加入二噁烷标准品的量（μg）；

A_i——样品中二噁烷的峰面积；

A_s——加入二噁烷标准品后样品中二噁烷的峰面积；

m——样品取样量（g）；

m_i——加入二噁烷标准品的样品取样量（g）。

在重复性条件下获得的两次独立测定结果的绝对差值不得超过算术平均值的10%。

③回收率和精密度。多家实验室验证的平均回收率为 84.9%～113%，相对标准偏差小于 13.3%（n=6）。

3）化妆品中邻苯二甲酸二丁酯等 8 种组分含量的测定

邻苯二甲酸二丁酯和邻苯二甲酸二（2- 乙基己基）酯均属于邻苯二甲酸酯类物质，通常在化妆品中被用作香味稳定剂。邻苯二甲酸酯类物质可致癌、致畸，能引起人体内分泌紊乱，造成男性生殖能力下降和女性性早熟。

（1）检测原理。邻苯二甲酸二丁酯等 8 种组分包括邻苯二甲酸二丁酯（DBP）、邻苯二甲酸二（2- 甲氧乙基）酯（DMEP）、邻苯二甲酸二异戊酯（DIPP）、邻苯二甲酸戊基异戊酯（DnIPP）、邻苯二甲酸二正戊酯（DnPP）、邻苯二甲酸丁苄酯（BBP）、邻苯二甲酸二（2- 乙基己基）酯（DEHP）以及 1,2- 苯基二羧酸支链和直链二戊基酯。其中，1,2- 苯基二羧酸支链和直链二戊基酯有 3 种同分异构体，分别为 DnIPP、DnPP、DIPP，测定时该组分含量是指 DnIPP、DnPP、DIPP 3 种同分异构体含量的总和。

样品提取后，使用硅胶－中性氧化铝混合填充的固相萃取小柱进行净化，正己

烷 – 乙酸乙酯（体积比为 1 ∶ 1）为淋洗液，浓缩后经气相色谱分离、质谱检测器测定，根据保留时间和待测组分特征离子丰度比双重模式定性，以外标法计算含量。

（2）仪器。

①气相色谱 – 质谱仪。

②天平。

③超声波振荡器。

④离心机。

⑤氮气吹扫装置。

⑥玻璃固相萃取柱：内径 1 cm，管长 10 cm。

⑦圆底螺口玻璃离心管：50 mL。

⑧滤膜：0.45 μm 有机相滤膜。

⑨K–D 浓缩瓶：30 mL。

（3）试剂。除另有规定外，本方法所用试剂均为分析纯或以上规格；水为《分析实验室用水规格和试验方法》（GB/T 6682—2008）中规定的一级水。

①邻苯二甲酸酯类标准物质：纯度高于 97.0％。

②正己烷：色谱纯。

③乙酸乙酯：色谱纯。

④二氯甲烷：色谱纯。

⑤硅胶：100 ～ 200 目，使用前于 160 ℃下烘 12 h。

⑥中性氧化铝：100 ～ 200 目，使用前于 180 ℃下烘 12 h。

（4）试剂配制。

①标准储备溶液：称取 10 mg（精确到 0.000 01 g）各邻苯二甲酸酯标准品于 10 mL 容量瓶中，分别加入少量正己烷溶解，定容至刻度，溶液浓度为 1 000 mg/L。分别将各标准溶液转移到安瓿瓶中，于 4 ℃保存。标准储备溶液保存时间为 12 个月。

②混合标准储备溶液：取一定量各标准储备溶液用正己烷稀释成混合标准储备溶液，混合标准储备溶液浓度为 100 mg/L。将混合标准中间溶液转移到安瓿瓶中于 4 ℃保存。混合标准储备溶液保存时间为 6 个月。

（5）分析步骤。

①混合标准系列溶液的制备。取混合标准储备溶液，用正己烷配制成系列不同

浓度的混合标准系列溶液。将混合标准系列溶液转移至安瓿瓶中，于 4 ℃保存，保存时间为 3 个月。

②样品处理。称取 0.5 g 试样（精确到 0.001 g），置于 50 mL 圆底螺口玻璃离心管中，加入 10.0 mL 二氯甲烷，密封在 40～50 ℃下，超声萃取 15 min，以 2 000 r/min 转速离心 5 min 后，移取有机相；重复上述操作，合并两次萃取液于 30 mL K–D 浓缩瓶中。以下按照化妆品类型进行不同的操作。

a. 对于液态的化妆品，如爽肤水、啫喱水、香水等，将萃取液用氮吹浓缩至近干，并用 8 mL 正己烷分三次淋洗 K–D 浓缩瓶内壁，最后用正己烷定容至 1.0 mL，过 0.45 μm 滤膜，供 GC–MS 测定。

b. 对于粉、露、霜、膏、油等的化妆品，如洗发水、沐浴露、染发剂、指甲油、胭脂、粉饼等，将萃取液用氮吹浓缩至近干，并用 8 mL 正己烷分三次淋洗 K–D 浓缩瓶内壁，加入 0.5 mL 正己烷，按以下步骤对样品进行净化。

称取 0.8 g 硅胶和 1.2 g 中性氧化铝（质量比为 2：3），充分混匀后用干法装入玻璃固相萃取小柱，轻敲至实。使用前对小柱进行预淋洗，预淋洗液为正己烷和乙酸乙酯的混合液（体积比为 1：1），预淋洗体积为 5 mL，弃去淋洗液。将上述浓缩后的萃取液转移至硅胶－中性氧化铝混装的固相萃取小柱，并用 1 mL 正己烷分两次洗涤器皿，洗涤液转移至固相萃取小柱。待样液过柱后，用 20.0 mL 正己烷－乙酸乙酯混合液（体积比为 1：1）将目标物洗脱，流速为 2.0 mL/min，用 30 mL K–D 浓缩瓶收集洗脱液，氮气吹扫、浓缩至近干，浓缩过程中用 8 mL 正己烷分三次淋洗 K–D 浓缩瓶内壁，最后用正己烷定容至 1.0 mL，供 GC–MS 测定。

空白实验：除不称取试样外，均按上述步骤进行。

③仪器参考条件。

a. 色谱条件。由于测试条件取决于所使用仪器，不能给出色谱分析的通用参数。设定的参数应保证色谱测定时被测组分与其他组分能够得到有效的分离，以下参数可供参考：进样口温度 300 ℃；载气为氦气（纯度≥99.999%），恒流方式，流速 1.0 mL/min；色谱柱为 DB–35 MS 柱（30 m × 0.25 mm × 0.25 μm）或等效色谱柱；色谱柱初始温度为 100 ℃，保持 0.5 min 后以 30 ℃/min 的升温速率升至 300 ℃，保持 2.0 min，至待测组分全部流出；进样量 1.0 μL。

b. 质谱条件：离子源为 EI 源；电离能量 70 eV；色谱－质谱接口温度 280 ℃；

离子源温度 230 ℃；四级杆温度 150 ℃；溶剂延迟时间为 6.0 min；测量方式为全扫描 / 选择离子监测（Scan/SIM）同时采集模式。

各待测组分的定性、定量离子如表 5-13 所示。

表5-13　各组分的保留时间及特征离子

序　号	名　称	保留时间（min）	选择离子（m/z）	丰度比
1	DBP	6.81	149*，150，223	100：10：6
2	DIPP	7.10	149*，237，207	100：11：4
3	DMEP	7.16	59*，58，149，207	100：69：25：16
4	DnIPP	7.25	149*，237，207	100：10：7
5	DnPP	7.40	149*，237，207	100：7：3
6	BBP	8.52	149*，206，238	100：26：4
7	DEHP	8.65	149*，167，279	100：33：3

注：选择离子中带"*"的为定量离子。

④测定。

a. 定性。如果在试样、标准工作溶液的选择离子色谱图中，在相同保留时间出现色谱峰，则根据表 5-13、表 5-14 中各组分特征选择离子丰度指标进行确证。

表5-14　各组分的特征离子丰度指标

名　称	质量数	允许相对偏差
DBP	150	±5%
	223	±10%
DIPP	237	±5%
	207	±20%

名　称	质量数	允许相对偏差
DMEP	58	±20%
	149	±10%
	207	±20%
DnIPP	237	±5%
	207	±20%
DnPP	237	±5%
	207	±20%
BBP	206	±5%
	238	±10%
DEHP	167	±10%
	279	±10%

注：允许相对偏差为特征离子相对于定量离子丰度的偏差。

b. 定量。根据试样中被测组分含量，选定适宜浓度标准工作溶液，使待测样液中各组分的响应值均在仪器检测的线性范围内。如果样液的检测响应值超出仪器检测的线性范围，可适当稀释后再进行测定。

空白试验：除不称取样品外，按以上步骤进行。

（6）结果计算。

$$\omega_i = \frac{(\rho_{i1} - \rho_{i2}) \times V}{m}$$

式中：ω_i——试样中邻苯二甲酸二丁酯等 8 种组分的含量（mg/kg）；

ρ_{i1}——由标准曲线得到萃取液中各组分的浓度（mg/L）；

ρ_{i2}——由标准曲线得到空白中各组分的浓度（mg/L）；

V——待测样液定容体积（mL）；

m——试样的质量（g）。

在重复性条件下获得的两次独立测定结果的绝对差值不得超过算术平均值的15%。结果保留到小数点后两位。

4）化妆品中雌三醇等 7 种组分含量的测定

性激素主要包括雌激素、雄激素和孕激素，作用于皮肤具有抗老化、除皱、增加皮肤弹性以及防止紫外线损伤等功效，因此性激素常常被非法添加到各类护肤化妆品中。长期使用含有性激素的化妆品会导致皮肤色素沉积、发痒、皮肤层变薄、癌变等。我国和欧盟化妆品法规均明确规定雌激素、雄激素、孕激素为化妆品禁用组分。

（1）检测原理。实验中所指的 7 种组分为性激素，包括雌三醇、雌酮、己烯雌酚、雌二醇、睾丸酮、甲基睾丸酮和黄体酮。对样品进行提取、去脂、使用 C_{18} 固相萃取小柱净化，目标物用七氟丁酸酐衍生化，用气相色谱 – 质谱（GC-MS）联用技术分析。

（2）仪器。

①气相色谱 – 质谱联用仪。

②天平。

③固相提取系统。

④吹氮浓缩仪。

⑤ C_{18} 萃取小柱。

⑥微量衍生瓶。

（3）试剂。除另有规定外，本方法所用试剂均为分析纯或以上规格，水为《分析实验室用水规格和试验方法》（GB/T 6682—2008）中规定的一级水。

①乙醚。

②乙腈：色谱纯。

③甲醇：色谱纯。

④七氟丁酸酐（HFBA）：色谱纯。

⑤ 7 种性激素标准品：睾丸酮（T）、黄体酮（P）、甲基睾丸酮（MT）、雌二醇（E2）、雌三醇（E3）、雌酮（E1）、己烯雌酚（DES）。

（4）试剂配制。

①雌激素标准溶液：分别称取雌酮、雌二醇、雌三醇、己烯雌酚各 0.1 g（精确到 0.000 1 g），用少量甲醇溶解，转移至 100 mL 容量瓶中，用甲醇稀释到刻度。

②雄激素标准溶液：分别称取睾丸酮、甲基睾丸酮各 0.1 g（精确到 0.000 1 g），用少量甲醇溶解，转移至 100 mL 容量瓶中，用甲醇稀释到刻度。

③孕激素标准溶液：称取黄体酮 0.1 g（精确到 0.000 1 g），用少量甲醇溶解，转移至 100 mL 容量瓶中，用甲醇稀释到刻度。

④激素混合标准溶液Ⅰ：分别取雌激素标准溶液 5.00 mL、雄激素标准溶液 5.00 mL 和孕激素标准溶液 5.00 mL，置于 500 mL 容量瓶中，用甲醇稀释到刻度。

⑤激素混合标准溶液Ⅱ：取激素混合标准溶液Ⅰ 10.0 mL 于 100 mL 容量瓶中，用甲醇稀释到刻度。

（5）分析步骤。

①样品处理。称取 1 g（精确到 0.001 g）样品于试管中，用 2 mL 乙醚振荡提取 3 次，合并提取液，用氮气吹干，加 1 mL 乙腈超声提取，移出，再用 0.5 mL 乙腈振荡洗涤，合并乙腈液，用氮气吹干。残渣加 0.5 mL 甲醇超声溶解后加 3.5 mL 水，混匀，用 C_{18} 萃取小柱进行吸附（小柱预先依次用 3 mL 甲醇、5 mL 水、3 mL（体积比为 1 : 7 的甲醇－水洗脱活化），然后用 3 mL 乙腈－水（体积比为 1 : 4）洗涤，真空抽干，最后用 7 mL 乙腈洗脱，将洗脱液收集于衍生化小瓶中，在 35 ℃下用氮气吹干，备用。

②仪器参考条件。

a. 色谱条件：色谱柱为 DB-5MS 毛细管柱（30 m × 0.25 mm × 0.25 μm）或等效色谱柱；进样口温度 270 ℃；进样方式为不分流进样；柱温为程序升温，初始温度 120 ℃，保持 2 min，以 20 ℃ /min 的升温速率升温至 200 ℃，保持 2 min，再以 3 ℃ /min 的升温速率升温至 280 ℃，保持 5 min；载气为氦气，流速为 1.0 mL/min（恒流）；进样量 1.0 μL；

b. 质谱条件：EI 源为电子轰击能量 70 eV；溶剂延迟时间 10 min；传输线温度 280 ℃；扫描方式为单离子扫描（SIM）。

③测定。取激素混合标准溶液Ⅱ 1.0 mL 于衍生化小瓶中，在氮气下吹至干。同吹干的样品分别加七氟丁酸酐（HFBA）40 μL，恒温 60 ℃放置 65 min，冷却至室温，在色谱－质谱条件下进样。

（6）结果判定。

①每一个被测激素的保留时间与标准一致，选定的两个检测离子都出峰，两个检测离子强度比与标准质谱图中的两个离子强度比值的相对误差 <30%。

②出峰的面积大于仪器噪声的 3 倍，同时满足以上条件，判为含有与标准溶液中相同的组分。

5.5.4　气相色谱－质谱联用仪在中药安全领域的应用实验项目

1）中草药中 16 种多环芳烃含量的测定

中草药中含有多种多环芳烃：中萘、苊烯、苊、芴、菲、蒽、荧蒽、芘、苯并（a）蒽、屈、苯并（b）荧蒽、苯并（k）荧蒽、苯并（a）芘、茚并（1,2,3-cd）芘、二苯并（a,h）蒽和苯并（g,h,i）芘等。本实验可用于黄芪、白芍、石斛、桑皮、番泻叶、菊花、绞股蓝、苦杏仁、茯苓等中草药中 16 种多环芳烃的检测。

（1）检测原理。参考《中草药中 16 种多环芳烃的测定　气相色谱－质谱法》（DB 34/T 3304—2018），试样中多环芳烃用正己烷－丙酮溶液超声提取，采用凝胶渗透色谱仪净化，供气相色谱－质谱仪测定，内标法定量。

（2）仪器。

①气相色谱－质谱仪：配有 EI 源。

②凝胶渗透色谱仪。

③分析天平：感量为 0.01 g。

④旋转蒸发仪。

⑤离心机：不低于 5 000 r/min。

⑥氮吹仪。

⑦涡旋混合器。

⑧超声波清洗器。

⑨粉碎机。

（3）试剂。

①正己烷：色谱纯。

②丙酮：色谱纯。

③环己烷：色谱纯。

④乙酸乙酯：色谱纯。

⑤正己烷－丙酮：等体积的正己烷和丙酮互溶。

⑥乙酸乙酯－环己烷：等体积的乙酸乙酯和环己烷互溶。

⑦标准物质：萘、苊烯、苊、芴、菲、蒽、荧蒽、芘、苯并（a）蒽、屈、苯并（b）荧蒽、苯并（k）荧蒽、苯并（a）芘、茚并（1,2,3-cd）芘、二苯并（a,h）蒽和苯并（g,h,i）芘等 16 种多环芳烃标准储备溶液的浓度均为 2 g/L，纯度 ≥ 99 %。

⑧氘代内标标准物质：氘代萘 –D8、氘代苊 D10、氘代 – 菲 D10、氘代 – 屈 D12 和氘代 – 䓛 D12 混合氘代内标标准储备溶液的浓度均为 2 g/L，纯度 ≥ 99％。

（4）试剂配制。

①多环芳烃标准使用溶液（2 000 μg/L）：准确吸取适量体积的混合标准储备溶液，用正己烷稀释至所需浓度，保存于 –18 ℃冰箱。

②多环芳烃内标使用溶液（2 000 μg/L）：准确吸取适量体积的混合内标标准储备溶液，用正己烷稀释至所需浓度，保存于 –18 ℃冰箱。

③多环芳烃混合标准工作溶液：吸取适量多环芳烃标准使用溶液和适量多环芳烃内标使用溶液，用正己烷配制成多环芳烃浓度为 2 μg/L、10 μg/L、50 μg/L、100 μg/L、200 μg/L、500 μg/L 和含内标物浓度为 50 μg/L 的混合标准工作溶液。

（5）分析步骤。

①试样处理。

a. 试样的制备。取不少于 200 g 代表性样品，如黄芪、白芍、石斛、桑皮、番泻叶、菊花、绞股蓝、苦杏仁、茯苓等，用粉碎机粉碎，过 60 目筛，取通过筛网的药材粉末装入洁净的容器内，密闭并标明标记，于 0 ～ 4 ℃保存。

b. 提取。准确称取 2 g（精确至 0.01 g）样品于 50 mL 离心管中，向其中添加 50 μL 2 000 μg/L 的 5 种 PAHs–D 混合标准工作溶液，加入 20 mL 正己烷 – 丙酮（体积比为 1 : 1）混合溶液超声提取 30 min，以 5 000 r/min 转速离心 5 min，移取上清液于 100 mL 磨口烧瓶中。再向离心管中加入 20 mL 正己烷 – 丙酮（体积比为 1 : 1）混合溶液，重复提取一次，合并提取液于上述磨口烧瓶中，40 ℃水浴下旋转蒸发至近干，用 10 mL 乙酸乙酯 – 环己烷涡旋溶解残渣，过有机相滤膜，转入进样管中，准备净化。

c. 凝胶渗透色谱净化。以流速 5.0 mL/min 乙酸乙酯 – 环己烷（体积比为 1 : 1）为流动相，进样 5 mL，收集 26 ～ 51 min 的馏分，收集液于 40 ℃水浴中旋转浓缩至近干，用乙酸乙酯 – 环己烷转移到 5 mL 带刻度的离心管中，于 40 ℃水浴中用氮气吹至近干，以正己烷定容到 1.0 mL，涡旋溶解，待测。

②气相色谱 – 质谱联用参考条件。

a. 色谱柱：DB–5 MS（30 m × 0.25 mm × 0.25 μm）或性能相当者。

b. 柱温：初始温度 80 ℃，保持 1 min，以 25 ℃ /min 的速率升温至 230 ℃，保持 6 min，再以 10 ℃ /min 的速率升温至 300 ℃，保持 6 min。

c. 进样口温度：280 ℃。

d. 色谱－质谱接口温度：280 ℃。

e. 离子源温度：230 ℃。

f. 载气：氦气，流速 1.1 mL/min，纯度 ≥ 99.999%。

g. 进样量：1.0 μL。

h. 进样方式：不分流进样。

i. 电离方式：EI。

j. 离子化能量：70 eV。

k. 溶剂延迟时间：3.5 min。

③标准曲线制备。以标准溶液中被测组分峰面积和内标物质峰面积的比值为纵坐标（y），以标准溶液中被测组分浓度和内标物质浓度的比值为横坐标（x），绘制标准曲线。

④色谱分析。取 10 ～ 20 μL 待测试样溶液注入色谱仪，以保留时间定性，以试样峰面积通过标准曲线计算含量。

（6）结果计算。

①计算。

$$X = X_1 + X_2 + X_3$$

$$X_i = \frac{c_i \times V}{m} \times 1\,000$$

式中：X_i——试样中多环芳烃 i 组分的含量（mg/kg）；

c_i——测定溶液中多环芳烃 i 组分的含量（μg/L）；

V——样液最终定容体积（mL）；

m——样液所代表试样的质量（g）。

②结果表示。

a. 含量大于等于 10 μg/kg 时，保留三位有效数字；含量小于 10 μg/kg，保留两位有效数字。

b. 精密度：在重复性条件下获得的两次独立测定结果的绝对差值不得超过算术平均值的 20%。

2）进出口中药材及其制品中五氯硝基苯残留量的测定

五氯硝基苯是一种有机化合物，为白色至微黄色结晶性粉末，不溶于水，微溶于醇、苯、氯仿、二硫化碳，有发霉的气味，对环境有严重危害，主要用作中间体及土壤杀菌、除草剂等，在中药材种植中普遍使用。

五氯硝基苯有毒，主要通过吸入、食入和经皮肤吸收等途径侵入人体，主要损害心血管系统、中枢神经系统、肝、肾和造血系统。因此，需要用气相色谱 – 质谱法检测出口中药材及其制品中五氯硝基苯残留量，以确保五氯硝基苯残留量在安全范围内。

（1）检测原理。参考《进出口中药材及其制品中五氯硝基苯残留量检测方法　气相色谱 – 质谱法》（SN/T 1957—2007），中药材及其制品用正己烷 – 丙酮混合溶液提取，经浓硫酸磺化，气相色谱 – 质谱法测定，外标法定量。

（2）仪器。

①气相色谱 – 质谱仪：配电子轰击源（EI）。

②涡旋混合器。

③高速均质器：24 000 r/min。

④离心机：3 000 r/min。

⑤旋转蒸发器。

⑥药材粉碎机。

（3）试剂。

①试剂均为分析纯，水为《分析实验室用水规格和试验方法》（GB/T 6682—2008）中规定的一级水。

②正己烷：色谱纯。

③丙酮：色谱纯。

④浓硫酸：优级纯。

⑤无水硫酸钠：于 650 ℃灼烧 4 h，置于干燥器中备用。

⑥五氯硝基苯标准品：纯度≥ 99 %。

⑦无水硫酸钠柱：80 mm × 40 mm（内径）筒形漏斗，底部垫约 5 mm 高脱脂棉，再装 10 g 无水硫酸钠。

（4）试剂配制。五氯硝基苯标准溶液：准确称取适量的五氯硝基苯标准品，用正己烷配制成浓度为 100 μg/mL 标准储备溶液。根据需要用正己烷稀释成适当浓度的标准工作溶液，于 0 ～ 4 ℃冰箱中保存。

（5）分析步骤。

①提取。

a. 固体试样。将人参样品充分粉碎后过 2.0 mm 筛，称取 5 g（精确至 0.01 g）试样于 100 mL 离心管中，加入 50 mL 丙酮 – 正己烷（体积比为 2 : 8）溶液，于高速均质器以 14 000 r/min 的转速均质 5 min，以 3 000 r/min 的转速离心 3 min，过滤至 150 mL 浓缩瓶中，重复上述操作一次。合并提取液，于 50 ℃水浴旋转蒸发至约 50 mL，转移至 150 mL 分液漏斗中。

在分液漏斗中加入 10 mL 浓硫酸，轻轻振摇 0.5 min 后，静置分层，弃去下层酸液。再重复净化 3 ～ 4 次（净化至下层酸液呈无色）。再用 2 × 100 mL 硫酸钠溶液洗涤两次，静置分层后，弃去水相。将净化液通过无水硫酸钠柱，用 10 mL 正己烷洗涤无水硫酸钠柱，收集正己烷至浓缩瓶中，于 50 ℃水浴旋转蒸发，用 1.0 mL 正己烷溶解残渣，供气相色谱 – 质谱仪测定。

b. 液体试样。称取 5 g（精确至 0.01 g）人参口服液样品于 100 mL 离心管中，加入 50 mL 丙酮 – 正己烷（体积比为 2 : 8）提取液，涡旋混合 5 min，转移至 500 mL 分液漏斗中。加入 300 mL 水，振摇，静置分层，弃去水相。再加入 300 mL 水，重复上述操作一次。

②净化。在分液漏斗中加入 10 mL 浓硫酸，轻轻振摇 0.5 min 后，静置分层，弃去下层酸液。再重复净化 3 ～ 4 次（净化至下层酸液呈无色）。再用 2 × 100 mL 硫酸钠溶液洗涤两次，静置分层后，弃去水相。将净化液通过无水硫酸钠柱，用 10 mL 正己烷洗涤无水硫酸钠柱，收集正己烷至浓缩瓶中，于 50 ℃水浴旋转蒸发，用 1.0 mL 正己烷溶解残渣，供气相色谱 – 质谱仪测定。

③液相色谱参考条件。

a. 色谱柱：DB–35 MS 石英毛细管柱，250 mm × 0.25 mm（内径），膜厚 0.25 μm。

b. 进样口温度：280 ℃。

c. 接口温度：250 ℃。

d. 离子源温度：200 ℃。

e. 进样方式：无分流，1.0 min 后开阀。

f. 载气：氦气，纯度 ≥ 99.999%，流速 1.0 mL/min。

g. 溶剂延迟：2.8 min。

h. 进样量：2 μL。

i. 电子轰击源（EI）能量：70 eV。

j. 监测方式：选择离子监测方式（SIM）。

k. 选择离子（m/z）：定量 295，定性 142、214、237、297。

④标准曲线制备。用系列浓度（2.0 μg/mL、4.0 μg/mL、6.0 μg/mL、8.0 μg/mL、10.0 μg/mL）的五氯硝基苯标准溶液制作标准曲线。以标准溶液浓度（μg/mL）为横坐标 x，GC-MS 测定五氯硝基苯的响应面积为纵坐标 y，绘制标准曲线 $y_i = a_i x_i + b_i$。

⑤色谱分析。取待测试样溶液注入色谱仪中，以保留时间定性，以试样峰面积利用标准曲线计算含量。

（6）结果计算。

计算公式如下。

$$X = \frac{A \times c_s \times V}{A_s \times m}$$

式中：X——试样中五氯硝基苯的残留量（mg/kg）；

A——样液中五氯硝基苯的峰面积；

A_s——标准工作液中五氯硝基苯的峰面积；

c_s——标准工作溶液中五氯硝基苯的浓度（μg/mL）；

V——样液最终定容体积（mL）；

m——最终样液所代表的试样量（g）。

5.5.5　气相色谱－质谱联用仪在医疗器械安全领域的应用实验项目

以医用聚氨酯材料中残留 1,4- 丁二醇（BDO）单体的测定为例，医用聚氨酯可分为聚酯型和聚醚型，主要由聚酯／聚醚多元醇、异氰酸酯、扩链剂、各类助剂（抗氧剂、润滑剂）等制备得到。医用聚氨酯材料具有优良的生物相容性、可黏合性和抗血栓性，同时还具有优良的力学性能，可广泛应用于人工心脏、肾脏、人造皮肤、绷带、辅料、药物控释、介入治疗导管、计划生育用品等。在医用聚氨酯合成过程中通常引入单体 1,4- 丁二醇（BDO）作为扩链剂，上述引入的单体 1,4- 丁二醇可能在聚氨酯中存在残留或聚氨酯原料在加工成型中分解产生的 1,4- 丁二醇。多种分析方法可用于医用聚氨酯材料中残留的 1,4- 丁二醇（BDO）单体的测定，典型的方法包括气相色谱法（GC）、气相色谱－质谱仪联用法（GC-MS）等。本书以 GC-MS 为基本方法，并给出试验程序。

（1）检测原理。医用聚氨酯材料中 BDO 用混合溶剂提取，提取液过滤后，用气相色谱 – 质谱联用仪测定，采用选择离子监测扫描模式（SIM），用化合物的保留时间和特征碎片的质荷比定性，外标法定量。

（2）仪器。

①气相色谱 – 质谱联用仪（GC-MS）：EI 源。

②电子分析天平（感量 0.000 1 g）。

③数控超声波清洗器。

（3）试剂。

① BDO：纯度 ≥ 99%。

② N,N– 二甲基甲酰胺：色谱纯。

③氯仿：色谱纯。

（4）试剂配制。

①混合溶剂制备：量取 N,N– 二甲基甲酰胺 500 mL、氯仿 500 mL，置于玻璃容器中混合待用。

②标准溶液：取供试品 0.1 g，精确称重（精确到 0.000 1 g），置于 100 mL 容量瓶中，加混合溶剂定容，制备浓度为 1.00 mg/mL 的标准储备溶液，置于 4 ℃冰箱保存待用。

采用逐级稀释法配制质量浓度分别为 50 μg/mL、20 μg/mL、10 μg/mL、2.5 μg/mL 和 1 μg/mL 的系列标准溶液。

（5）分析步骤。

①供试液的制备：取同一批号供试品 0.1 g，精确称重（精确到 0.000 1 g），置于 10 mL 容量瓶中，加入适量混合溶剂，超声至完全溶解，冷却至室温，定容至刻度，待用。根据供试品实际用量，可按 0.1 g 加 10 mL 的比例加混合溶剂调整取样量。

②气相色谱 – 质谱参考条件。

a. 色谱柱：键合 / 交联聚乙二醇固定相石英毛细管柱（30 m × 0.25 mm × 0.25 μm）。

b. 色谱条件：进样口温度 220 ℃。

c. 载气：高纯氦（纯度 ≥ 99.999%）。

d. 柱流量：1.0 mL/min，恒流模式。

e. 进样量：1 uL。

f. 进样方式：不分流。

g.升温程序：初始温度 80 ℃，保持 2 min，以 10 ℃/min 的速度升温至 240 ℃，保持 4 min。

h.质谱条件：检测器温度 230 ℃，离子源温度 230 ℃，四极杆温度 150 ℃，电离方式 EI 电离，电离能量 70 eV，溶剂延迟时间 8.5 min；扫描方式 SIM 模式，定性定量离子选择 m/z 71、m/z 42。

③标准曲线制备：将 50 μg/mL、20 μg/mL、10 μg/mL、2.5 μg/mL 和 1 μg/mL 标准系列工作溶液分别注入气相色谱－质谱联用仪中，测定相应的 BDO 的色谱峰面积，以标准工作溶液的质量浓度为横坐标，以 m/z 71 基峰的峰面积为纵坐标，绘制标准曲线。

④色谱分析。将试样溶液注入气相色谱－质谱联用仪中，得到相应的 BDO 的 m/z 71 基峰峰面积，根据标准曲线得到待测液中 BDO 的质量浓度。

（6）结果计算。

①计算。

$$X = \frac{c \times V \times f}{m \times 1\,000}$$

式中：X——供试品中 BDO 残留量（mg/g）；

c——测定样品液中 BDO 含量（μg/mL）；

V——试样定容体积（mL）；

f——稀释因子，如样品浓度超过线性范围，对样品进行稀释，稀释倍数为稀释因子；

m——样品重量（g）；

1 000——换算系数。

②结果表示。

a.计算结果：以重复性条件下获得的两次独立测定结果的算术平均值表示，结果保留三位有效数字。

b.精密度：在重复性条件下获得的两次独立测定结果的绝对差值不得超过算术平均值的 10%。

5.5.6　气相色谱－质谱联用仪在环境分析领域的应用实验项目

1）水中硝基酚类化合物的测定

硝基酚类化合物常见于一些工业排放的污水中，如金属铸造业和造纸业等工业生产中排放的污水，具有高毒性，有致癌和免疫抑制的作用，许多酚类化合物已被列为危险污染物。目前已有多种方法可用于硝基酚类化合物快速检测，如荧光分光光度法、色谱法和电化学方法。但这些检测方法存在样品前处理操作复杂，基质干扰大，回收率低，大量使用有机试剂会造成二次污染等问题。本书采用气相色谱－质谱法来进行测定。

（1）检测原理。样品经酸碱分配净化后，在酸性条件下（pH 为 1～2），采用液液萃取法或者固相萃取法提取硝基酚类化合物，萃取液经脱水、浓缩、定容后用气相色谱分离，质谱检测。根据保留时间、碎片离子质荷比及丰度比定性，内标法定量。

（2）仪器和设备。

①气相色谱－质谱仪：气相色谱具有分流／不分流进样口，柱温箱可程序升温。质谱具有 70 eV 的电子轰击（EI）源。

②色谱柱：长 30 m，内径 0.25 mm，膜厚为 0.25 μm，固定相为 5％苯基 –95％甲基聚硅氧烷的毛细管色谱柱。也可以用其他等效毛细管色谱柱。

③固相萃取装置：柱固相萃取装置、圆盘固相萃取装置。

④浓缩装置：氮吹浓缩仪、旋转蒸发仪或其他同等性能的设备。

⑤样品瓶：2 L，具塞磨口棕色玻璃瓶。

⑥三角漏斗：直径 40 mm。

⑦无水硫酸钠干燥装置：在三角漏斗下部装填少量脱脂棉，内部装填 3～5 cm厚无水硫酸钠，使用前分别用 5 mL 丙酮、5 mL 二氯甲烷淋洗。

⑧微量注射器或移液器：5 μL、10 μL、50 μL、100 μL、250 μL、1.0 mL。

⑨分液漏斗：2 000 mL，具聚四氟乙烯活塞。

⑩分析天平：实际分度值 d=0.1 mg。

⑪进样瓶：2 mL 棕色瓶。

一般实验室常用仪器和设备。

（3）试剂与耗材。

①试剂。

a. 二氯甲烷（CH_2Cl_2）：色谱纯。

b. 丙酮（CH_3COCH_3）：色谱纯。

c. 甲醇（CH_3OH）：色谱纯。

d. 盐酸：ρ（HCl）=1.18 g/mL。

e. 氢氧化钠（NaOH）。

f. 无水硫酸钠（Na_2SO_4）。

②耗材。

a. 固相萃取柱：500 mg/6 mL，填料为二乙烯苯 –N– 乙烯基吡咯烷酮，也可选用其他等效固相萃取柱。

b. 固相萃取盘：直径 47 mm 商品化圆盘，介质层为二乙烯苯 –N– 乙烯基吡咯烷酮，也可选用其他等效固相萃取盘。

c. 滤膜：0.45 µm 聚四氟乙烯滤膜。

d. 脱脂棉。依次用二氯甲烷、丙酮浸泡后，晾干备用。

e. 载气：氦气，纯度 ≥ 99.999%。

f. 氮气：纯度 ≥ 99.99%。

（4）试剂配制。

①无水硫酸钠（Na_2SO_4）：在马弗炉中 400 ℃烘烤 4 h，置于干燥器中冷却至室温后，放入试剂瓶密封保存。

②氯化钠（NaCl）：在马弗炉中 400 ℃烘烤 4 h，置于干燥器中冷却至室温后，放入试剂瓶密封保存。

③盐酸溶液：盐酸与水的体积比为 1 ∶ 1。

④盐酸溶液：c（HCl）=0.02 mol/L。量取 1.8 mL 盐酸，缓慢加入水中，转移至 1 000 mL 容量瓶中，稀释定容至标线。临用现配。

⑤氢氧化钠溶液：c（NaOH）=5.0 mol/L。称取 20.0 g 氢氧化钠，用水溶解，转移至 100 mL 容量瓶中，稀释定容至标线。临用现配。

（5）标准品及标准溶液制备。

①标准物质：纯度 ≥ 99%。2– 硝基酚、3– 甲基 –2– 硝基酚、4– 甲基 –2– 硝基酚、

5-甲基-2-硝基酚、2,5-二硝基酚、3-硝基酚、2,4-二硝基酚、4-硝基酚、2,6-二硝基酚、3-甲基-4-硝基酚、6-甲基-2,4-二硝基酚和2,6-二甲基-4-硝基酚。

②标准储备溶液：ρ=1 000 mg/L。分别称取硝基酚类化合物标准物质各 50 mg（精确至 0.1 mg），用少量甲醇溶解，转移至 50 mL 棕色容量瓶中，用二氯甲烷稀释定容至标线，混匀。该标准溶液在 -10 ℃以下冷冻避光保存，可保存半年。也可直接购买市售有证标准溶液，按说明书要求保存。

③标准使用溶液：ρ=200 mg/L。用二氯甲烷稀释标准储备溶液。在 4 ℃下避光密闭冷藏，可保存 2 个月。

④内标储备溶液：ρ=2 000 mg/L。宜选用萘 -d_8、䓛 -d_{10} 作为硝基酚类化合物内标。市售有证标准溶液，按说明书要求保存。

⑤内标使用溶液：ρ=500 mg/L。用二氯甲烷稀释内标储备溶液。

⑥十氟三苯基膦（DFTPP）溶液：ρ=1 000 mg/L。市售有证标准溶液，按说明书要求保存。

⑦十氟三苯基膦使用溶液：ρ=50 mg/L。用二氯甲烷稀释十氟三苯基膦（DFTPP）溶液。

（6）分析步骤。

①萃取。

a. 液液萃取。在酸碱分配净化后的样品中加入 40 g 氯化钠，振摇使其完全溶解。加入 60 mL 二氯甲烷，振摇萃取 10 min，待静置分层后，收集有机相，用无水硫酸钠干燥装置进行脱水，收集于浓缩管中。再重复上述步骤 2 次，合并有机相。

b. 柱固相萃取。将固相萃取柱固定在固相萃取装置上，依次用 5 mL 二氯甲烷、5 mL 甲醇和 10 mL 盐酸溶液活化固相萃取柱，保持柱头湿润。将酸碱分配净化后的样品以 3～5 mL/min 的速率通过固相萃取柱富集后，继续真空抽吸，直至小柱完全干燥。用 10 mL 二氯甲烷以 1～2 mL/min 的速率洗脱，用浓缩管接收洗脱液。

c. 圆盘固相萃取。将固相萃取盘固定在固相萃取装置上，依次用 5 mL 二氯甲烷、5 mL 甲醇和 10 mL 盐酸溶液活化固相萃取盘，保持圆盘湿润。将酸碱分配净化后的样品以 20～30 mL/min 的速率通过固相萃取盘富集后，继续真空抽吸，直至圆盘完全干燥。用 25 mL 二氯甲烷洗脱，用浓缩管接收洗脱液。

采用固相萃取时，若使用自动固相萃取仪萃取样品，按照仪器操作规程进行。

②浓缩。在室温条件下，将萃取液用氮吹浓缩仪浓缩至 0.5 ～ 0.8 mL，加入 10 μL 内标标准使用溶液，用二氯甲烷定容至 1.0 mL，转移至进样瓶中，待测。

③测定。

a. 色谱参考条件：进样口温度 220 ℃，不分流进样；柱流量 1.0 mL/min；程序升温 50 ℃（保持 5 min），以 8 ℃ /min 升至 250 ℃（保持 4 min）。

b. 质谱参考条件。离子源温度 230 ℃；传输线温度 260 ℃；电压 70 eV。

其他条件参照仪器说明书要求。

数据采集方式为选择离子扫描（SIM）。目标化合物出峰顺序、保留时间、定量离子等参考条件如表 5–15 所示。

溶剂延迟时间为 4 min。

表5-15　目标化合物名称、保留时间及定量离子

序号	化合物名称	CAS 号	保留时间 (min)	定量离子	定性离子	对应内标
1	2- 硝基酚	88–75–5	13.29	139	81，65	内标 1
2	萘 -d$_8$（内标 1）	1146–65–2	14.37	136	108，54	
3	3- 甲基 -2- 硝基酚	4920–77–8	15.22	136	153，77	内标 1
4	4- 甲基 -2- 硝基酚	119–33–5	15.56	153	154，77	内标 1
5	5- 甲基 -2- 硝基酚	700–38–9	15.81	153	123，77	内标 1
6	2,5- 二硝基酚	329–71–5	19.36	184	63，53	内标 2
7	3- 硝基酚	554–84–7	19.47	139	93，65	内标 2
8	苊 -d$_{10}$（内标 2）	15067–26–2	19.72	164	162，160	
9	2,4- 二硝基酚	51–28–5	20.06	184	154，63，107	内标 2
10	4- 硝基酚	100–02–1	20.40	139	109，65	内标 2
11	2,6- 二硝基酚	573–56–8	20.96	184	126，63	内标 2
12	3- 甲基 -4- 硝基酚	2581–34–2	21.34	136	153，77	内标 2
13	6- 甲基 -2,4- 二硝基酚	534–52–1	21.87	198	105，121，51	内标 2
14	2,6- 二甲基 -4- 硝基酚	2423–71–4	22.20	167	91，77，137	内标 2

c. 标准系列溶液的配制及测定。分别取适量的硝基酚类化合物标准使用溶液于进样瓶中，加入 10 μL 内标标准使用溶液，用二氯甲烷定容至 1.0 mL。配制至少 5 个浓度点的标准系列，硝基酚类化合物的质量浓度分别为 2.0 mg/L、5.0 mg/

L、10.0 mg/L、20.0 mg/L、50.0 mg/L、80.0 mg/L（此为参考浓度），内标浓度均为5.0 mg/L。

按照仪器参考分析条件，从低浓度到高浓度依次对标准系列溶液进样分析。记录各目标化合物的保留时间和定量离子质谱峰的峰面积。

d. 参考标准气相色谱 / 质谱图。在仪器参考分析条件下，获得硝基酚类化合物标准溶液（20.0 mg/L）的选择离子流图。

e. 试样测定。按照与标准系列溶液的测定相同的仪器分析条件进行试样的测定。

（7）结果计算和表述。

①用平均相对响应因子计算。样品中目标化合物的质量浓度按照以下公式进行计算。

$$\rho_x = \frac{V_2 \times A_x \times \rho_{is}}{V_1 \times A_{is} \times \overline{RRF}}$$

式中：ρ_x——样品中目标化合物 x 的质量浓度（μg/L）；

V_2——试样定容体积（mL）；

A_x——目标化合物 x 定量离子的峰面积；

ρ_{is}——内标化合物浓度（μg/L）；

V_1——取样体积（mL）；

A_{is}——内标化合物定量离子的峰面积；

$\overline{RRF}$——目标化合物的平均相对响应因子，无量纲。

②用标准曲线计算。样品中目标化合物的质量浓度按照以下公式进行计算。

$$\rho_x = \frac{\rho_{ix} \times V_2 \times 1\,000}{V_1} \times D$$

式中：ρ_x——样品中目标化合物 x 的质量浓度（μg/L）；

ρ_{ix}——由标准曲线得到的试样中目标化合物 x 的质量浓度（mg/L）；

V_2——试样定容体积（mL）；

V_1——取样体积（mL）；

D——稀释倍数。

测定结果小数位数的保留与方法检出限一致，最多保留三位有效数字。

2）环境空气有机氯农药的测定

有机氯农药作为一类杀虫剂，曾被广泛应用于农业方面病虫的防治。其部分化合物作为普遍存在于环境中的一类持久性有机污染物之一，具有难降解、累积性、半挥发性等特点。气相色谱－质谱法是定性定量分析有机氯农药的重要方法，优势是定性准确，在不能完全将干扰物分离的情况下仍可以准确定量，扫描可采用全扫描和选择离子两种模式，抗干扰较强，已成为一种重要的检测手段。

（1）检测原理。用大流量采样器将环境空气气相和颗粒物中的有机氯农药采集到滤膜和聚氨酯泡沫（PUF）上，用乙醚－正己烷混合溶剂提取，提取液经浓缩、净化后，气相色谱分离，电子捕获检测器检测，根据保留时间定性，用内标法或外标法定量。

（2）仪器和设备。

①气相色谱－质谱仪：具有分流／不分流进样口、程序升温功能，采用电子轰击电离源。

②色谱柱：低流失石英毛细管色谱柱，30 m（长）×0.25 mm（内径）×0.25 μm（膜厚），固定相为5％苯基95％二甲基聚硅氧烷，亦可采用固定相为35％苯基65％二甲基聚硅氧烷柱，也可选用其他等效的低流失色谱柱。

③大流量采样器：具有自动累积采样体积、自动换算标准采样体积的功能，及自动定时、断电再启和自动补偿由于电压波动、阻力变化引起的流量变化的功能。在装有滤膜和吸附剂的情况下，对于大流量采样，其采样器的负载流量应能达到250 L/min，工作点流量为225 L/min；对于超大流量采样，其采样器的负载流量应能达到900 L/min，工作点流量为800 L/min。

④采样头：由滤膜夹和采样筒套筒两部分组成，采样头的材质选用聚四氟乙烯或不锈钢等不吸附有机物的材料。滤膜夹包括滤膜上压环、滤膜和滤膜支架。采样筒套筒内部装有玻璃采样筒，采样筒底部有不锈钢筛网支撑，采样筒内的吸附材料为PUF。采样筒用硅橡胶密封圈密封固定在滤膜夹和抽气泵之间。

⑤索氏提取器：500 mL或1 000 mL，亦可采用其他性能相当的提取装置。

⑥玻璃层析柱：长350 mm，内径15～20 mm，底部具有聚四氟乙烯活塞。

⑦浓缩装置：旋转蒸发仪、氮吹浓缩仪或其他性能相当的设备。

⑧固相萃取装置。

⑨分液漏斗：60 mL。

⑩一般实验室常用仪器设备。

（3）试剂与耗材。

①试剂。

a. 丙酮（C_3H_6O）：色谱纯。

b. 正己烷（C_6H_{14}）：色谱纯。

c. 乙醚（$C_4H_{10}O$）：色谱纯。

d. 二氯甲烷（CH_2Cl_2）：色谱纯。

②耗材。

a. 硅酸镁固相萃取柱：1 000 mg/6 mL，亦可根据杂质含量选择适宜容量的商业化固相萃取柱。

b. 硅酸镁：150～250 μm（100 目～60 目）。使用前于 130 ℃至少活化 18 h，置于干燥器中冷却后，转移至玻璃瓶中密封保存。

c. 石英/玻璃纤维滤膜：根据采样头选择合适规格。滤膜对 0.3 μm 标准粒子的截留效率不低于 99%。使用前在马弗炉中 400 ℃加热 5 h 以上，冷却后，保存于滤膜盒，保证滤膜在采样前、后不被沾污，并在采样前处于平展状态。

d. 聚氨酯泡沫（PUF）：聚醚型，密度为 22～25 mg/cm³，切割成长 70 mm，直径为 45～65 mm 的圆柱形（长度、直径根据玻璃采样筒的规格确定）。使用前先用热水烫洗，再放入温水中反复搓洗，沥干水分后，用丙酮清洗 3 次，放入索氏提取器，依次用丙酮、乙醚 – 正己烷混合溶剂回流提取 16 h，更换 2～3 次新鲜的乙醚 – 正己烷混合溶剂回流提取，取出后在氮气流下干燥（亦可在室温下真空干燥 2～3 h）。放入玻璃采样筒于合适的容器内密封保存。

e. 氮气：纯度≥99.999%。

f. 玻璃棉：使用前用二氯甲烷回流提取 2～4 h，干燥后密封保存。

（4）试剂配制。

①无水硫酸钠（Na_2SO_4）：使用前在马弗炉中 400 ℃烘烤 4 h，冷却后，于磨口玻璃瓶中密封保存。

②氯化钠（NaCl）：使用前在马弗炉中 400 ℃烘烤 4 h，冷却后，于磨口玻璃瓶中密封保存。

③硫酸（H_2SO_4）：ρ=1.84 g/cm³，优级纯。

④乙醚 – 正己烷混合溶剂：体积比为 1∶9，临用现配。

⑤丙酮 – 正己烷混合溶剂：体积比为 1∶9，临用现配。

⑥乙醚 - 正己烷混合溶剂：体积比为 5 ： 5，临用现配。

⑦乙醚 - 正己烷混合溶剂：体积比为 6 ： 94，临用现配。

⑧乙醚 - 正己烷混合溶剂：体积比为 15 ： 85，临用现配。

⑨氯化钠溶液：ρ=50 g/L。称取 50.0 g 氯化钠于烧杯中，用水溶解并定容至 1 000 mL，混匀，临用现配。

（5）标准品及标准溶液制备。

①异狄氏剂和 4,4′-DDT 标准溶液：ρ=100 μg/L。

直接购买市售有证标准溶液，用正己烷稀释。

②替代物储备溶液：ρ=500 μg/mL。

直接购买市售有证标准溶液，含 2,4,5,6- 四氯间二甲苯（TCX）和十氯联苯（DCBP）混合液或单标溶液。亦可使用其他适宜的替代物。

③替代物中间溶液：ρ=50.0 μg/mL。

移取 1.00 mL 替代物储备溶液于 10 mL 容量瓶中，用正己烷定容，混匀。

④替代物使用溶液：ρ=1.00 μg/mL。

移取 1.00 mL 替代物中间溶液于 50 mL 容量瓶中，用正己烷定容，混匀。

⑤内标储备溶液：ρ=1 000μg/mL。

直接购买市售有证标准溶液，含 1- 溴 -2- 硝基苯（BNB）。

⑥内标中间溶液：ρ=100 μg/mL。

移取 1.00 mL 内标储备溶液于 10 mL 容量瓶中，用正己烷定容，混匀。

⑦内标使用溶液：ρ=10.0 μg/mL。

移取 1.00 mL 内标中间溶液于 10 mL 容量瓶中，用正己烷定容，混匀。

⑧标准储备溶液：ρ=2 000 μg/mL。

直接购买市售有证标准溶液，包括 α - 六六六、γ - 六六六、β - 六六六、δ - 六六六、七氯、艾氏剂、环氧七氯 B、γ - 氯丹、α - 氯丹、硫丹 I、4,4′-DDE、狄氏剂、异狄氏剂、4,4′-DDD、硫丹 II、4,4′-DDT、异狄氏醛、硫丹硫酸酯、甲氧 DDT 和异狄氏酮共 20 种有机氯农药的混合溶液，浓度为 2 000 μg/mL。六氯苯、2,4′-DDT、灭蚁灵为单标溶液，浓度为 2 000 μg/mL。亦可配制 23 种有机氯农药混合溶液。4 ℃以下密封保存，或参考标准溶液证书保存条件。

⑨标准中间溶液：ρ=40.0 μg/mL。

移取 1.00 mL 标准储备溶液于 50 mL 容量瓶中，用正己烷定容，混匀。

⑩标准使用溶液：$\rho=1.00$ μg/mL。

分别移取 250 μL 标准中间溶液和 200 μL 替代物中间溶液于 10 mL 容量瓶中，用正己烷定容，混匀。

（6）分析步骤。

①提取。将滤膜和玻璃采样筒转移至索氏提取器，于 PUF 添加 200 μL 替代物使用溶液，加入 300 ～ 500 mL 乙醚 – 正己烷混合溶剂，回流提取 16 h 以上，每小时回流 3 ～ 4 次。提取完后冷却至室温，取出底瓶，冲洗提取杯接口，将清洗液一并转移至底瓶。加入无水硫酸钠至硫酸钠颗粒可自由流动，放置 30 min 后脱水干燥。

若采用自动索氏提取，用乙醚 – 正己烷混合溶剂回流提取不少于 40 个循环。只要能达到相关标准规定的质量控制要求，亦可采用其他样品提取方式。

②净化。

a. 硫酸净化。将样品提取浓缩液转移至 60 mL 分液漏斗中，加入 5 mL 硫酸，轻轻振摇并放气，振摇 1 min，静置分层后弃去硫酸层。重复上述操作至硫酸层无色。在有机相中加入 5 mL 氯化钠溶液，混合均匀，静置分层后弃去水相，在有机相中加入无水硫酸钠脱水，浓缩至 1 mL 以下，待净化。如果不需进一步净化，定容至 1.0 mL；如果采用内标法定量，加入 10.0 μL 内标使用溶液，转移至样品瓶中待分析。

此净化方法不适用于狄氏剂、异狄氏剂、硫丹Ⅰ、硫丹Ⅱ、异狄氏醛、异狄氏酮和甲氧 DDT 的测定。

b. 硅酸镁固相萃取柱净化。取固相萃取柱，依次用 10 mL 丙酮、10 mL 正己烷预淋洗，弃去流出液。

保持液面稍高于柱床，将样品提取浓缩液或硫酸净化浓缩液转移至柱内，接收流出液，用 1 mL 正己烷洗涤样品瓶两次，将洗涤液转移至固相萃取柱，用 10 mL 丙酮 – 正己烷混合溶剂洗脱，控制流速小于 2 mL/min，继续接收洗脱液。洗脱液浓缩至 1.0 mL 以下，如果采用内标法定量，定容至 1.0 mL，加入 10.0 μL 内标使用溶液，转移至样品瓶中待分析。

c. 硅酸镁层析柱净化。玻璃层析柱底部填充玻璃棉，以正己烷湿法填入 20 g 硅酸镁，排出气泡，上部加入 1 ～ 2 cm 无水硫酸钠。用 60 mL 正己烷预淋洗，保持液面稍高于柱床，将提取浓缩液转移至层析柱，用 1 mL 正己烷洗涤样品瓶 2 次，一并转移至层析柱内，弃去流出液。

用 200 mL 乙醚－正己烷混合溶剂洗脱层析柱，洗脱速度 2～5 mL/min，接收流出液作为第一级洗脱液；继续用 200 mL 乙醚－正己烷混合溶剂洗脱层析柱，接收流出液作为第二级洗脱液；用 200 mL 乙醚－正己烷混合溶剂洗脱层析柱，接收流出液作为第三级洗脱液。如果不分级接收，可直接使用 200 mL 丙酮－正己烷混合溶剂洗脱层析柱，接收洗脱液。洗脱液浓缩至 1.0 mL 以下，定容至 1.0 mL，如果采用内标法定量，加入 10.0 μL 内标使用溶液，转移至样品瓶中待分析。

第一级洗脱液中包括全部的多氯联苯，除硫丹类、狄氏剂、异狄氏剂及其降解产物外，其他农药基本在此级；狄氏剂、硫丹 I、异狄氏剂分布在第一级或第二级，也可能两级共存；硫丹 II、异狄氏酮、硫丹硫酸酯主要分布在第三级洗脱液中；异狄氏醛分布在第二级和第三级洗脱液中。

受固相萃取柱和层析柱规格、硅酸镁用量的影响，洗脱剂的用量可能不同，各级洗脱液中有机氯农药的洗脱效率存在差异，各实验室在使用前需进行条件实验；只要能达到相关标准规定的质量控制要求，亦可采用其他样品净化方式。

③测定。

选用两根不同极性的色谱柱，一根为分析柱，一根为验证柱。仪器参考条件：进样口温度为 250 ℃；进样方式为不分流进样，在 0.75 min 分流，分流比 60：1；进样量 2.0 μL；色谱柱初始温度为 50 ℃保持 1 min，以 25 ℃/min 的升温速率升温至 180 ℃，保持 2 min，以 5 ℃/min 的升温速率升温至 280 ℃，保持 5 min；载气为氮气；流速 1.0 mL/min；电子捕获检测器（ECD）300 ℃。

b. 标准曲线的绘制。移取一定量标准使用溶液，用正己烷稀释配制标准溶液系列，标准系列溶液浓度依次为 20.0 μg/L、50.0 μg/L、100 μg/L、200 μg/L、300 μg/L。如果采用内标法定量，每 1.0 mL 标准溶液加入 10.0 μL 内标使用溶液。按仪器参考条件进行分析，记录目标化合物、内标、替代物的保留时间、峰面积（或峰高）。

以目标化合物浓度（或与内标浓度的比值）为横坐标，目标化合物峰面积或峰高（或与内标峰面积或峰高的比值）为纵坐标，用最小二乘法绘制标准曲线。

c. 试样的测定。按照与标准曲线绘制相同的仪器参考条件进行试样的测定，记录色谱峰保留时间和峰面积或峰高。

（7）结果计算和表述。

①定性方法。根据保留时间进行定性。

当目标化合物在分析柱检出时，需用验证柱进行验证。如果在验证柱也检出，视为该组分检出；如果在验证柱未检出，视为该组分未检出。

必要时，可改变色谱条件进行分析或使用 GC–MS 进行验证。

②定量方法。根据峰面积（或峰高），采用内标法或外标法定量。当样品中内标受到干扰，峰面积（或峰高）异常时，必须使用外标法定量。

③结果计算。环境空气中有机氯农药的质量浓度按如下公式计算。

$$\rho = \frac{\rho_i \times V \times F}{V_s}$$

式中：ρ——环境空气中目标化合物的质量浓度（ng/m³）；

ρ_i——由标准曲线得到的试样中目标化合物的质量浓度（μg/L）；

V——试样的浓缩定容体积（mL）；

F——试样的稀释倍数；

V_s——标准状况下（101.325 kPa，273 K）的采样体积（m³）。

当环境空气中有机氯农药浓度大于等于 1.00 ng/m³ 时，结果保留三位有效数字；小于 1.00 ng/m³ 时，结果保留至小数点后两位。

6 液相色谱－质谱联用仪管理与应用

液相色谱－质谱联用法（Liquid Chromatography-Mass Spectrometry, LC-MS）是一种将液相色谱与质谱结合起来的方法，其原理是先利用液相色谱系统将样品进行分离，分离后的物质经质谱检测系统被离子化。由于每个物质所带电荷以及质量不同，这些信号被接受和检测后可得到相应的质谱图，据此可以对样品进行定性定量分析。液相色谱－质谱联用法（LC-MS）因同时具备液相色谱和质谱的特点，可以进行化合物结构分析、复杂化合物的高通量检测等，广泛应用于不挥发性化合物分析测定、极性化合物的分析测定、热不稳定化合物的分析测定和大分子量化合物（包括蛋白、多肽、多聚物等）的分析测定。

6.1 液相色谱－质谱实验室环境要求

液相色谱－质谱联用仪属于高精密分析仪器，对于环境温度、湿度、压力和电流都有极高的要求。液相色谱－质谱联用仪要求长期开机（一次开机的周期至少是几个月），因此对实验室环境的要求很高。液相色谱－质谱联用仪正常工作条件一般如下。

（1）环境温度：5～35 ℃。

（2）相对湿度：20%～80%。

（3）大气压力：75～106 kPa。

（4）供电电源：交流电压（220±22）V，频率（50±0.5）Hz。必须配备稳压电源。

（5）接地电阻≤4 Ω。

（6）室内应避免易燃、易爆和强腐蚀性气体及强烈的震动、电磁干扰和空气对流等。

　　教学类液相色谱－质谱实验室主要是上机实验室，前处理实验室可以使用液相色谱前处理操作实验室。以 30 人教学班级为例，教学类液相色谱－质谱实验室上机实验室仪器设备包含空调、通风装置、样品柜、试剂柜、耗材柜、操作台、讲台、投影仪、液相色谱－质谱联用仪、气瓶柜、电脑等，其布局如图 6-1 所示。气瓶柜依据仪器的要求，可以放置氮气、氦气或氩气（必须使用高纯气体），通过管路与液相色谱－质谱联用仪连接，用于上机使用。由于液相色谱－质谱联用仪价格昂贵，并且对运行环境有较高的要求，建议将液相色谱－质谱联用仪放置在一个小的空间内，控制电脑放置在房间外。利用投屏等技术，可使教师操作内容实时投屏至学生电脑，学生可以实时查看学习。同时，学生也可以利用电脑进行软件参数设置、数据分析、结构解析等练习。

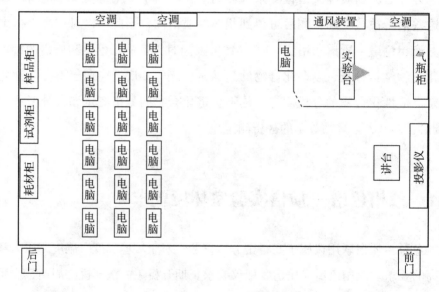

图 6-1　教学类液相色谱－质谱实验室上机实验室布局图

6.2　液相色谱－质谱实验室配置要求

　　液相色谱－质谱实验室主要设备如表 6-1 所示，主要包含液相色谱－质谱联用仪、电脑、投影仪、空调、分析天平、超声波清洗器、固相萃取装置、恒温恒湿箱、UPS 电源、万向排烟罩、通风橱、离心机、旋转蒸发仪、冰箱、移液器、流动相过滤装置、石墨消解仪和气瓶柜及气体控制装置等。其中，液相色谱－质谱联用仪、电脑、分析天平、超声波清洗器、万向排烟罩、流动相过滤装置和气瓶柜及气体控制装置为液相色谱－质谱检测必需的设备。设备的数量依据使用频率和使用人数而定，通常至少准备2套。依据检测项目的不同，所需设备的种类也会有所不同。

表6-1 液相色谱-质谱实验室主要设备一览表

序 号	仪器名称	功 能
1	液相色谱－质谱联用仪	检测
2	电脑	控制仪器和数据计算
3	投影仪	教学展示
4	空调	控温控湿
5	分析天平	样品称量
6	超声波清洗器	流动相和样品超声脱气
7	固相萃取装置	样品前处理
8	恒温恒湿箱	样品前处理
9	UPS 电源	保证高效液相色谱－质谱联用仪电源稳定
10	万向排烟罩	通风装置
11	通风橱	样品前处理，通风
12	离心机	样品前处理
13	旋转蒸发仪	样品前处理
14	冰箱	样品存放
15	移液器	样品移取
16	流动相过滤装置	流动相和样品过滤
17	石墨消解仪	样品消化前处理
18	气瓶柜及气体控制装置	气体钢瓶存放及连接

市场上部分液相色谱－质谱联用仪型号和性能指标如表 6-2 所示。

表6-2 市场上部分液相色谱-质谱联用仪型号和性能指标

型 号	主要性能指标
谱育 expec5310	出色的灵敏度和稳定性；产品采用新一代的 Step Scan 离子传输技术，有效提了离子传输效率；全新一代的轴向加速碰撞池技术，大大提升了碰撞效率；高效去溶剂的离子源和离子接口，增加了系统耐受性；双路射频电源闭环自适应调整技术，提高了四极杆射频电源的稳定性；独特的双正交 ESI & APCI 离子源；所有的气路、电压、加热都具有连锁控制，确保设备安全
华谱 HPMS-TQ	质量范围 5～2 000 amu；灵敏度利血平 1 pg；分辨率可达 0.4 amu；精确质量数 0.1；压力范围 140 MPa
天瑞 LC-MS 1000	质量范围 10～1 100；质量度 ±0.20 amu；质量轴稳定性 0.2 amu/24 h；扫描速率标准模式 1 000 amu/s，快速扫描模式 10 000 amu/s；定性重复性 RSD ≤ 3%
禾信 LC-TQ5100	稳定的新型 ESI 及 APCI 离子源；质量范围 2～3 000 amu；实现全质量数范围内单位质量分辨
岛津 LCMS-8080	高温加热离子源。采用多直角设计加热接口，导入更多离子的同时去除噪声成分，降低化学噪声 即插即用离子源。可随插即用地设置装置，无需烦琐的操作 实现亚飞克级的检测线 在宽范围内实现高精度定量 出色的稳定性。超低交叉污染有助于高灵敏度分析，实现精确定量
赛默飞 MSQ Plus	质量范围 17～2 000 amu；质量稳定度 0.1 amu/8 h；质量漂移在环境温度变化 10 ℃时 <±0.1 amu；扫描速度最高 12 000 amu/sec；正 ESI 5 pg 红霉素，信噪比 >100：1。负 ESI 2 pg 对硝基苯，信噪比 >50：1；真空系统 170/200 L/s 抽速的高性能双路分子涡轮泵
布鲁克 EVOQ 系列	更容易：采用创新的交错式四级杆（IQ）设计的双重离子漏斗，使小分子和生物分子的分析能够轻易达到超高的灵敏度 更安心：基于锥孔设计的大气压电离（API）接口更加耐用，可以安心分析基质复杂的样品 更高效：创新的真空隔层（VIP）加热电喷雾喷针可以承受更高的流速，从而更高效地分析热不稳定化合物

6.3 液相色谱－质谱实验室日常管理要求

液相色谱－质谱实验室日常管理通常需要关注使用环境、仪器使用频率，强化日常管理，对于保障实验室的使用效率和使用安全有重要的作用。表 6-3、表 6-4、表 6-5、表 6-6 分别为液相色谱－质谱实验室使用记录表、液相色谱－质谱实验室例行检查清单、液相色谱－质谱实验室专项检查记录表、液相色谱－质谱实验室使用统计表，这些表格为实验室日常精准管理提供了参考。表6-7 液相色谱－质谱实验室维修记录表则对液相色谱－质谱联用仪的维护提供了参考。

表6-3　液相色谱-质谱实验室使用记录表

序　号	实验室名称	仪器型号和名称	样品名称	使用时间	使用人

表6-4　液相色谱-质谱实验室例行检查清单

序　号	检查事项	检查结果打"√"	备　注
1	教学签到表是否填写		
2	教学实训工作日志是否填写		
3	实训室使用登记表是否填写		
4	卫生是否干净（地面、桌面、水池等）		
5	灯是否全部关闭		
6	窗户是否全部关闭		
7	门是否关闭（前后门）		
8	液相色谱－质谱联用仪是否干净无尘		
9	空调是否开启		
10	气瓶柜是否正常		
11	电源总闸是否正常		
12	实验室桌面是否整洁		

表6-5　液相色谱-质谱实验室专项检查记录表

序　号	实验室名称	仪器型号和名称	卫生情况	仪器是否有异常状况	使用时间	使用记录表是否填写完整	检查时间	检查人

续 表

序 号	实验室名称	仪器型号和名称	卫生情况	仪器是否有异常状况	使用时间	使用记录表是否填写完整	检查时间	检查人

表6-6 液相色谱-质谱实验室使用统计表

序 号	实验室名称	仪器型号和名称	使用机时	培训人数	测样数	教学实验项目数	科研项目数	社会服务项目数	责任人

表6-7 液相色谱-质谱实验室维修记录表

序 号	实验室名称	仪器型号和名称	故障原因	故障发生时间	简要维修过程	维修时间	维修人

6.4 液相色谱－质谱联用仪常见故障分析及解决方案

表6-8罗列了液相色谱－质谱联用仪常见故障及解决方案，为操作人员自行解决部分问题提供了参考。

表6-8　液相色谱-质谱联用仪常见故障分析及解决方案

序号	常见故障	原因分析	解决方案
1	电源接通，LED 指示灯不亮	检查电源线是否正确连接，单相230 V电源是否供应到电源板	检查电源是否正常供电
2	仪器无法连接	1.USB 电缆未正常连接 2.仪器电源未接通后 3.Lab solutions 软件的环境设置不正确	1. 检查 USB 电缆的连接情况 2. 检查仪器电源为接通后，重新启动 PC 3. 检查 Lab solutions 软件的环境设置
3	"STATUS" LED 灯为红色	1. 大的真空泵泄漏 2.真空泵异常包括机械泵和分子泵异常 3. 泄漏阀异常	如果发生这种情况，请停止运行 Lab solutions 软件，并关闭 PC 和 MS 电源，检查和修理后再打开 PC 和 MS 电源，启动 Lab solutions 软件
4	"STATUS" LED 灯闪烁绿色且 Lab solutions 屏幕显示为待机状态	1.DL 管没有安装 2.DL 管断开连接 3. 检查 PG 值，如果 PG 值大于 300 Pa，检查是否有真空泄漏	1. 安装 DL 管 2. 检查 DL 管连接是否正确
5	蜂鸣器响模式（每秒鸣响两次）	仪器前门内侧的泄漏托盘检测到液体泄漏	请停止分析，消除液体泄漏的原因
6	蜂鸣器响模式（每秒鸣响四次）	DL 管或 APCI 的温度加热模块过热，加热装置自动关闭	等 DL 管或 APCI 温度降到 50 度以下，检查 DL 管和 APCI 连接线是否正常
7	显示 IG 错误	IG 的灯丝断了	更换 IG 的灯丝
8	显示 PG 错误	PG 的灯丝断了	更换 PG 的灯丝
9	源窗口无法关闭	1. 源窗口内侧的 O 型圈凸起 2. 液质联用仪（LCMS）故障排除	正确安装 O 型圈

序号	常见故障	原因分析	解决方案
10	离子强度不稳定或偏低	1.ESI 毛细管喷针堵塞 2.ESI 毛细管喷针超出离子源过长或陷入离子源中 3.ESI 离子源位置偏移 4. 离子源电流过高 5. 没有连接高压电源 6. 高电压未能正常供应 7.DL 管堵塞，PG 值低于 50Pa 8.DL 管不干净 9. 离子源未能正常加热 10.HEATBLOCK 不干净	1. 更换毛细管喷针 2. 请调整喷针位置 3. 请调整离子源位置 4. 降低接口电压 6. 请检查分析方法参数和调谐文件 7. 更换 DL 管 8. 更换 DL 管 9. 请检查分析方法参数和调谐文件 10. 清洗 HEATBLOCK
11	基线背景高	1.DL 管脏 2.HEATBLOCK 不干净 3. 离子源雾化室不干净 4.ESI 源不干净 5. 流动相不新鲜或不干净 6. 配管脏	1. 更换 DL 管 2. 清洗 HEATBLOCK 3. 清洗雾化室 4. 更换喷针和清洗 5. 请更换新鲜流动相 6. 更换新配管
12	吸收峰太宽	1. 配管区域中有死体积 2. 配管内径过大 3. 配管切割面倾斜 4. 离子源位置偏移过大	1. 重新连接配管 2. 调整配管，内径为 0.13 mm 3. 更换配管 4. 调整离子源位置
13	压力曲线呈锯齿状	一般是系统内部引入了气泡	可先用流动相进行大流速（2～5 mL/min）冲洗 3 min，然后有机相冲洗色谱柱，将残余气泡排出
14	压力曲线异常偏低	可能是系统管路连接处出现了泄露	一般发生在色谱柱两端、质谱入口端、紫外检测器出入口两端等部位，用相应的扳手适度拧紧即可

序号	常见故障	原因分析	解决方案
15	压力曲线异常偏高	一般是系统引入了无法溶解在流动相中的杂质颗粒，需逐级排查	首先，考虑色谱柱前端或预柱堵塞，可用一新色谱柱替代，若比对压力值差别过大，则废弃旧柱 其次，再考虑进样器堵塞，可将其切换至旁路观察，若压力值降低明显，则需将进样器卸下并浸于 50% 异丙醇中超声波清洗 若考虑质谱入口端堵塞，需将连接处螺母拧开观察，若压力变化显著，需将质谱入口处过滤片取出浸于 50% 异丙醇中超声波清洗 若以上排查后压力值无明显改善，需逐级排查各处连接管线，及时予以更换
16	聚合物污染	质谱采集数据显示有连续多个质量数（m/z）差值相同	系统极有可能引入了聚合物，来源大多在样品制备过程中使用的低质量离管、枪头和低纯度试剂等，建议更换
17	流动相污染	质谱数据显示基线过高，提示系统污染	使用二通阀替代色谱柱，如无改善说明很可能是流动相被污染，来源大多为流动相配制时交叉污染、添加剂纯度低、放置时间过长等，建议重新配制
18	色谱柱污染	运行空白样品后的数据显示基线高且有明显色谱峰出现，在排除流动相污染的前提下，极大可能是色谱柱污染，原因一般为测试样品量过大、非特异性吸附情况严重、有大量弱极性物质持续不断被缓慢洗脱等	建议使用乙腈 / 异丙醇（体积比为 9∶1）以 0.1 mL/min 过夜冲洗
19	压力过高	1.压力过高的原因有很多，但总体来讲就是一个原因，管路堵塞 2.PURGE 阀过滤芯被污染或色谱柱被污染	分段来检查哪一段发生堵塞，检查柱子进口过滤芯是否被污染 检查管路，尤其是针座毛细管；检查进样器旋转密封阀或者进样针及针座有否堵塞

序号	常见故障	原因分析	解决方案
20	基线有杂峰，且难以消除	1.可能的原因：LC–MS被污染了 2.故障具体原因：杂质离子大部分来自于流动相，任何厂家、任何纯度的试剂都可能带有杂质离子；出口阀、液相管路等中残留杂质；内部滤芯使用一段时间后容易受到污染	可以考虑用不同批次、不同品牌的试剂作为流动相进行排除。另外,在使用过程中,流动相不能使用多天,需要定期更换 不接色谱柱,使用不高于60℃的纯水或有机溶剂依次Purge每个通道,然后冲洗整个系统,对出口阀和管路中可能存在的盐等杂质具有较好的冲洗效果 可以尝试更换LC和MS系统的在线过滤器滤芯,以及清洗ESI离子源,更换ESI雾化器喷针
21	灵敏度下降	方法建立不准确，流动相和样品存在差异，流动相变质等	确定故障。液质系统一般会配备紫外检测器,将LC连接紫外部分做检测,若UV检测结果正常,则问题一般在MS侧；如UV检测结果中未明确显示峰值,则问题应在LC侧。LC侧影响灵敏度的主要是流动相污染或改变,以及样品进样量。样品注射器有气泡、进样针堵、液相管路有漏液都会影响灵敏度 性能检测。流动注射标准品（即标准性能检查溶液）进质谱,检查质谱峰的峰高、半峰宽、峰位置。性能检查能快速确定质谱仪是否存在峰响应强度、分辨率或质量准确度方面的问题。峰强下降可能跟离子源污染、毛细管污染或堵塞、质谱真空度不够有关。分辨率设置过高,质量数漂移会影响目标质量离子检测强度 质谱离子源。质谱离子源是最易污染的区域,大量的或过浓的样品分析,会导致在锥孔处污染物的堆积和离子源通道离子轰击的沉积物留痕,结果均会造成离子传输效率下降,从而仪器灵敏度下降,因此必须定期清洗离子源,考虑到污染的可能性顺序,清洗顺序依次是一级锥孔及锥孔套、离子源块、离子透镜

6.5 典型液相色谱－质谱联用仪应用实验项目

6.5.1 液相色谱－质谱联用仪使用简要流程

（1）开机：通氮气—开电源。

（2）设置温度（柱箱、汽化）—加热—通空气、氢气—点火—调准基线。

（3）进样和进样后操作。

（4）关机：关氢气、空气—关掉加热器—通着氮气降温至室温—关电源—关氮气。

（5）填写仪器使用登记本。

6.5.2 液相色谱－质谱联用仪在食品安全领域的应用实验项目

1）食品中吡丙醚残留量的测定

吡丙醚又名蚊蝇醚，是一种烷氧吡啶保幼激素类几丁质合成抑制剂。吡丙醚早期主要用于防治公共卫生害虫，目前也用于防治同翅目、缨翅目、双翅目、鳞翅目等农业害虫。在防治害虫方面，吡丙醚具有高效、用药量少、持效期长、对作物安全、对人畜低毒等特点，但对于家蚕，吡丙醚表现出极大的危害性。

（1）检测原理。试样中残留的吡丙醚在醋酸钠缓冲剂作用下用酸性乙腈提取，再用 PSA 填料净化，液相色谱－质谱进行测定，外标法定量。

（2）仪器和设备。

①液相色谱－质谱/质谱仪：配有电喷雾（ESI）离子源。

②离心机：4 000 r/min。

③分析天平：感量 0.000 1 g 和 0.01 g。

④具塞聚丙稀离心管：2 mL 和 50 mL。

⑤粉碎机。

（3）试剂与耗材。

①试剂。

a. 无水硫酸镁（$MgSO_4$）。

b. 无水乙酸钠（$C_2H_3O_2Na$）。

c. 乙酸（$C_2H_4O_2$）：色谱级。

d. 乙腈（C_2H_3N）：色谱级。

e. N– 丙基乙二胺（PSA）填料：50 μm，色谱级。

f. 甲酸（CH_2O_2）：色谱级。

g. 乙酸铵（$C_2H_7NO_2$）。

②耗材。微孔滤膜：0.2 μm，有机相型。

（4）试剂配制。

① 0.025%甲酸水溶液（含 5 mmol/L 乙酸铵）：准确吸取 0.25 mL 甲酸并称取 0.386 g 乙酸铵于 1 L 容量瓶中，用水溶解并稀释定容至 1 L。

② 1%乙酸乙腈溶液。

（5）标准品及标准溶液制备。

①吡丙醚标准品：纯度 >99%。

②标准溶液配制。

a. 吡丙醚标准储备溶液：准确称取适量的吡丙醚标准品，用乙腈溶解并稀释配制成 100 μg/mL 的标准储备溶液，在 4 ℃以下保存。

b. 吡丙醚标准工作溶液：根据需要，用 10%乙腈水溶液稀释成适当浓度的标准工作溶液，在 4 ℃以下保存。

（6）分析步骤。

①提取。

a. 茶叶、大豆、蘑菇、大米样品。称取上述样品 5 g（精确至 0.01 g）于 50 mL 聚丙烯塑料离心管中，加 10 mL 水，混匀，静置 30 min。将离心管置于冰浴中，然后加 6 g 无水硫酸镁和 1.5 g 无水乙酸钠，恢复至室温后，准确加入 15.0 mL 1%乙酸乙腈溶液，振荡提取 4 min，以 4 000 r/min 转速离心 5min。

b. 菠菜、柠檬和牛奶样品。称取 15 g（精确至 0.01 g）于预先称有 6 g 无水硫酸镁和 1.5 g 无水乙酸钠的 50 mL 聚丙烯塑料离心管中，将离心管置于冰浴中，恢复至室温后，准确加入 15.0 mL 1%乙酸乙腈溶液，振荡提取 4 min，以 4 000 r/min 转速离心 5 min。

c. 牛肉、猪肝样品。称取 15 g（精确至 0.01 g）于 50 mL 聚丙烯塑料离心管中，准确加入 15 mL 1%乙酸乙腈溶液，振荡提取 4 min，以 4 000 r/min 转速离心 5 min。另取称有 6 g 无水硫酸镁和 1.5 g 无水乙酸钠的 50 mL 聚丙烯塑料离心管，加入 10 mL 水，溶解，待水溶液恢复到室温后，再将乙腈提取液转移至其中，振荡 4 min，以 4 000 r/min 转速离心 5min。

②净化。取 1 mL 上述乙腈提取液于预先称有 50 mg PSA 和 150 mg 无水硫酸镁的 2 mL 聚丙烯塑料离心管中，振荡提取 1 min，以 4 000 r/min 转速离心 5 min。准确吸取 200 μL 上清液用水定容至 1 mL，混匀后过 0.2 μm 滤膜。滤液供液相色谱－质谱测定。

③测定。

a. 高效液相色谱参考条件：色谱柱为 CAPCELL PAK C$_{18}$ 柱，50 mm × 2.0 mm（i.d.），3 μm，也可选用性能相当者；流动相 A 为 0.1％甲酸乙腈溶液，流动相 B 为 0.025％甲酸水溶液（含 5 mmol/L 乙酸铵）。流速 300 μL/min，梯度洗脱程序如表6-9 所示；柱温 35 ℃；进样量 20 μL。

表6-9　食品中吡丙醚残留量的测定中流动相梯度洗脱程序表

梯度时间（min）	流动相 A 的体积含量（％）	流动相 B 的体积含量（％）
0	20	80
1	20	80
2	90	10
4	90	10
4.5	20	80
8.5	20	80

b. 质谱参考条件：离子源为电喷雾 ESI，正离子；扫描方式为多反应监测（MRM）。

c. 液相色谱－质谱测定与确证。

根据试样中被测物的含量，选取响应值相近的标准工作溶液同时进行分析。标准工作液和待测液中吡丙醚的响应值均应在仪器线性响应范围内。在上述色谱条件下的吡丙醚的参考保留时间为 1.4 min。

按照液相色谱－质谱／质谱条件测定样品和标准工作溶液，如果检测的质量色谱峰保留时间与标准品一致，定性离子对的相对丰度是用相对于最强离子丰度的强度百分比表示，应当与浓度相当标准工作溶液的相对丰度一致，相对丰度允许偏差不超过规定的范围，则可判断样品中存在对应的被测物。

（7）结果计算和表述。用色谱数据处理机或按下列公式计算样品中待测药物残留量。计算结果需扣除空白值。

$$X = \frac{A \times c \times V}{A_s \times m \times 1\,000}$$

式中：X——试样中吡丙醚的含量（μg/kg）；

A——样液中吡丙醚的峰面积；

c——标准溶液中吡丙醚的浓度（μg/mL）；

V——样液最终定容体积（mL）；

A_s——标准溶液中吡丙醚的峰面积；

m——最终溶液所代表试样的质量（g）。

计算结果应扣除空白值，测定结果用平行测定的算术平均值表示，保留两位有效数字。

2）食品中除虫脲残留量的测定

除虫脲属于苯甲酰脲类化合物，是昆虫生长调节剂，可抑制几丁质合成酶的活性，使昆虫幼虫在蜕皮时不能形成新表皮，导致虫体发育受阻、畸形而死亡，从而影响昆虫的整个世代。除虫脲作为一种新型杀虫剂，具有高效、低毒、低残留等特点，能够有效防治种植业和林业作物中大部分害虫的幼虫，对动物体内外及养殖环境中寄生昆虫的幼虫亦有很好的抑制作用。

（1）检测原理。试样中的除虫脲用乙腈提取，分散固相萃取净化后，用液相色谱–串联质谱仪测定并确证，外标法定量。

（2）仪器和设备。

①高效液相色谱–串联质谱仪：三重四极杆串联质谱，配有电喷雾离子源（ESI）。

②分析天平：感量 0.01 g 和 0.000 1 g。

③具塞离心管：50 mL，聚丙烯旋盖塑料离心管或相当者；10 mL，玻璃具塞离心管或相当者。

④涡旋混合器。

⑤超声波清洗器。

⑥离心机。

⑦样品粉碎机。

⑧组织捣碎机。

⑨样品筛：孔径为 2 mm。

⑩高速组织匀浆机。

（3）试剂与耗材。

①试剂。

a. 乙腈（CH_3CN）：色谱纯。

b. 正己烷（C_6H_{14}）。

c. 冰乙酸（CH_3COOH）。

d. 无水乙酸钠（CH_3COONa）。

e. 氯化钠（NaCl）：450 ℃灼烧 4 h，密封备用。

f. 无水硫酸钠（Na_2SO_4）：650 ℃灼烧 4 h，贮藏于干燥器中备用。

g. 无水硫酸镁（$MgSO_4$）：650 ℃灼烧 4 h，贮藏于干燥器中备用。

h. N–丙基乙二胺（PSA）：PSA 填料或相当者，粒度 40 μm。

i. 十八烷基硅烷键合相（C_{18}）：C_{18} 填料或相当，粒度 50 μm。

②耗材。微孔滤膜：0.22 μm，有机系。

（4）试剂配制。冰乙酸–乙腈溶液（体积比为 0.1 ∶ 99.9）：取 0.1 mL 冰醋酸加入 99.9 mL 乙腈，混匀后备用。

（5）标准品及标准溶液制备。

①除虫脲标准品：纯度 ≥ 96％。

②标准溶液配制。

a. 除虫脲标准储备溶液：准确称取适量除虫脲标准品（精确至 0.1 mg），用乙腈配制成浓度为 1.0 mg/mL 的标准储备溶液，置于 –18 ℃冰箱中保存，保存期为 6 个月。

b. 除虫脲标准工作溶液：根据需要用乙腈将标准储备溶液稀释成适当浓度的标准工作溶液，临用现配。

c. 0.005 mol/L 乙酸铵水溶液：称取 0.385 0 g 乙酸铵，用水溶解定容到 1 L，过 0.45 μm 滤膜备用。

（6）分析步骤。

①提取。

a.大米、玉米、大豆、小麦、花生（仁）。称取 5 g 试样（精确至 0.01 g）于 50 mL 具塞离心管中，加 5 mL 水混匀，放置 30 min。加入 10 mL 冰乙酸－乙腈溶液，加入 1 g 无水乙酸钠和 2 g 氯化钠，涡旋振荡 2 min，30 ℃恒温水浴超声提取 30 min 后以 5 000 r/min 转速离心 10 min，上层清液过装填适量无水硫酸钠漏斗，收集于 50 mL 具塞离心管中，加入 10 mL 用乙腈饱和的正己烷，振荡 5 min，静置分层，弃去正己烷层，待净化。

b.橙子、苹果、西芹、洋葱、蘑菇（鲜）、蜂蜜。称取 5 g 试样（精确至 0.01 g）于 50 mL 具塞离心管中。加 5 mL 水混匀，放置 30 min。加入 10 mL 冰乙酸－乙腈溶液，加入 1 g 无水乙酸钠和 2 g 氯化钠，涡旋振荡 2 min，30 ℃恒温水浴超声提取 30 min 后以 5 000 r/min 转速离心 10 min，上层清液过装填适量无水硫酸钠漏斗，收集于 50 mL 具塞离心管中，待净化。

c.蘑菇（干）、茶。称取 2.5 g 试样（精确至 0.01 g）于 50 mL 具塞离心管中，加 10 mL 水混匀，放置 60 min。加入 10 mL 冰乙酸－乙腈溶液，加入 1 g 无水乙酸钠和 2 g 氯化钠，涡旋振荡 2 min，30 ℃恒温水浴超声提取 30 min 后 5 000r /min 离心 10 min，上层清液过装填适量无水硫酸钠漏斗，收集于 50 mL 具塞离心管中，待净化。

d.鸡肉、牛肉、猪肉、猪肝。称取 2.5 g 试样（精确至 0.01 g）于 50 mL 具塞离心管中。加入 10 mL 冰乙酸－乙腈溶液，加入 1 g 无水乙酸钠和 2 g 氯化钠，均质 2 min，30 ℃恒温水浴超声提取 30 min 后以 5 000 r/min 转速离心 10 min，上层清液过装填适量无水硫酸钠漏斗，收集于 50 mL 具塞离心管中，加入 10 mL 用乙腈饱和的正己烷，振荡 5 min，静置分层，弃去正己烷层，待净化。

②净化。称取 0.05 g PSA、0.1 g C_{18}、0.15 g 无水硫酸镁，置于 10 mL 玻璃具塞离心管中，准确吸提取液 2.0 mL 至此离心管中，准确涡旋振荡 1 min，以 5 000 r/min 的转速离心 2 min。取上清液 1 mL，过 0.22 μm 有机微孔滤膜后，供液相色谱－串联质谱测定。

③测定。

a.液相色谱参考条件：色谱柱为 C_{18} 柱，150 mm×2.1 mm（内径），粒径 5 μm，

也可选用性能与之相当者；流动相：流动相 A 为乙腈，流动相 B 为 0.005 mol/L 乙酸铵水溶液；进样量 10 μL；柱温 30 ℃；流速 0.2 mL/min。

b. 质谱参考条件：离子源为电喷雾离子源（ESI）；扫描方式为负离子扫描；检测方式为多反应监测（MRM）；母离子 308.9（m/z），定量离子对 308.9/288.9（m/z）；定性离子对分别为 308.9/288.9（m/z）、308.9/92.9（m/z）。

c. 液相色谱－质谱测定与确证。

根据样液中待测物的含量，选定浓度相近的标准工作溶液一起进行色谱分析。待测样液中除虫脲的响应值均应在仪器检测的线性范围内。对标准工作溶液及样液等体积参插进样测定。在上述仪器条件下，除虫脲保留时间约为 7.51 min。

按照上述条件测定样品和标准品，样品中待测物色谱峰保留时间与标准品对应的保留时间偏差应一致，允许偏差小于 ±2.5%；在扣除背景后的样品谱图中，各定性离子的相对丰度与浓度接近的同样条件下得到的标准溶液谱图相比，最大允许相对偏差不超过规定的范围，则可判断样品中存在对应的被测物。

（7）结果计算和表述。用 LC–MS/MS 的数据处理软件或按下式计算试样中除虫脲的含量，计算结果应扣除空白值。

$$X = \frac{A \times c \times V}{A_s \times m}$$

式中：X——试样中除虫脲含量（μg/kg）；

A——样液中除虫脲的峰面积；

c——标准工作溶液中除虫脲的浓度（ng/mL）；

V——样品溶液最终定容体积（mL）；

A_s——标准工作溶液中除虫脲的峰面积；

m——样品溶液所代表最终试样的质量（g）。

计算结果应扣除空白值，测定结果用平行测定的算术平均值表示，保留两位有效数字。

3）食品中三氟羧草醚残留量的测定

三氟羧草醚是含氟二苯醚类低毒触杀型选择性芽后除草剂，用于防除大豆等作物田中一年生阔叶杂草。三氟羧草醚主要通过杂草茎叶被吸收，通过抑制线粒体电子传导，引起呼吸系统和能量生产系统停滞，抑制细胞分裂而使杂草死亡。近几年在大豆、花生等农业生产中使用量较大。

（1）检测原理。大豆、大米和糙米试样加水浸泡后用乙腈振荡提取，其他样品直接用乙腈振荡提取，然后依次通过液液分配和固相萃取对提取液进行净化，用液相色谱 – 质谱 / 质谱仪检测，外标法定量。

（2）仪器和设备。

①液相色谱 – 质谱 / 质谱仪：配有电喷雾离子源（ESI）。

②样品粉碎机：配 20 目样品筛。

③分析天平：感量 0.01 g 和 0.000 1 g。

④塑料离心管：50 mL，具塞。

⑤振荡器。

⑥离心机。

⑦旋转浓缩仪。

⑧氮吹仪。

⑨涡旋混合器。

（3）试剂与耗材。

①试剂。

a. 乙腈（CH_3CN）：色谱纯。

b. 甲醇（CH_3OH）：色谱纯。

c. 甲酸（HCOOH）。

d. 氯化钠（NaCl）。

e. 无水硫酸钠（Na_2SO_4）：使用前在 650 ℃灼烧 4 h，存于干燥器中，冷却后备用。

②耗材。

a. 固相萃取柱：C_{18} 小柱，3 mL，也可选用性能与之相当者，使用前用 10 mL 甲酸 – 乙腈溶液预淋洗。

b. 微孔滤膜：0.20 μm，有机相型。

c. 氮气：纯度 ≥ 99.999 %。

（4）试剂配制。

①甲酸 – 乙腈溶液：在 500 mL 乙腈中加入 0.5 mL 甲酸，摇匀备用。

②甲酸 – 水溶液：在 1 000 mL 水中加入 1.0 mL 甲酸，摇匀备用。

③定容溶液：（甲酸 – 水溶液）– 乙腈（体积比为 1 ∶ 9）。

④正己烷：加入适量乙腈并充分摇匀后备用。

（5）标准品及标准溶液制备。

①标准物质：三氟羧草醚（acifluorfen，CAS 号：50594-66-6），纯度≥99%。

②标准溶液配制。

a. 标准储备溶液：准确称取适量标准品（精确至 0.1 mg），用甲醇溶解，配制成浓度为 100 μg/mL 的标准储备溶液，-18 ℃以下冷冻避光保存，有效期 3 个月。

b. 标准中间溶液：准确移取 1 mL 标准储备溶液于 10 mL 容量瓶中，用定容溶液定容至刻度，配制成浓度为 10 μg/mL 的标准中间溶液，在 0～4 ℃的条件下冷藏避光保存，有效期 1 个月。

（6）分析步骤。

①提取。称取试样 5 g（精确至 0.01 g），置于 50 mL 具塞塑料离心管中。对于大豆、大米和糙米样品，加入 10 mL 水，涡旋混合后放置 30 min 后加入 20 mL 乙腈；对于毛豆、苹果和猪肉样品，直接加入 20 mL 乙腈。振荡提取 30 min 后，以 4 000 r/min 转速离心 3 min，将上清液转移至另一 50 mL 具塞塑料离心管中，用 15 mL 乙腈重复提取残渣一次，合并上清液。向上清液中加入 3 g 氯化钠，涡旋混合后，以 4 000 r/min 转速离心 1 min，将上层溶液转移至分液漏斗中。加入 15 mL 乙腈重复提取一次，合并上层溶液，待净化。

②净化。

a. 液液分配净化。将 20 mL 正己烷加入待净化溶液，振荡 5 min 后静置分层。将下层溶液过无水硫酸钠漏斗后收集于浓缩瓶中。于 40 ℃以下水浴旋转浓缩至近干，再用氮气吹干。用 1 mL 甲酸－乙腈溶液溶解残渣。

b. 固相萃取净化。将甲酸－乙腈溶液转入 ENVI-18 固相萃取柱，同时开始收集流出液，再用 5 mL 甲酸－乙腈溶液进行洗脱，收集全部流出液。整个固相萃取净化过程控制流速，使其不超过 2 mL/min。流出液在 40 ℃以下用氮气吹干。残留物用 1.0 mL 定容溶液溶解，旋涡混匀后，过 0.2 μm 微孔滤膜，供仪器检测。

c. 基质标准工作溶液的配制。称取 5 份空白试样，按照上述提取步骤进行操作。分别移取一定体积的标准溶液并添加至经固相萃取净化的流出液中，其余步骤同上。基质标准工作溶液应现用现配。

③测定。

a. 液相色谱参考条件：色谱柱为 C_{18}，150 mm × 2.1 mm（i.d.），5 μm，也可选

用性能与之相当者；柱温 40 ℃；流速 0.2 mL/min；进样量 10 μL；流动相：乙腈与甲酸 – 水的体积比为 90 ： 10。

b. 质谱参考条件：离子源为 ESI–；毛细管电压 4.0 kV；干燥气体温度 350 ℃；雾化器压力 40 psi；干燥气体为氮气，流速 8 L/min；碰撞气为氮气；扫描方式为负离子扫描；监测方式为多反应监测（MRM）。

c. 液相色谱 – 质谱测定与确证。

按照上述条件测定样品和基质标准溶液，如果样品的质量色谱峰保留时间与混合基质标准溶液一致；定性离子对的相对丰度与浓度相当的基质标准溶液的相对丰度一致，相对丰度偏差在允许范围内，则可判断样品中存在相应的被测物。

按照外标法进行定量计算。按浓度由小到大的顺序，依次分析基质标准工作溶液，得到浓度与峰面积的工作曲线。样品溶液中分析物的响应值应在工作曲线范围内。在上述液相色谱 – 质谱 / 质谱条件下，三氟羧草醚的保留时间为 2.3 min。

（7）结果计算和表述。试样中分析物的残留含量，按下式或用检测仪器的数据处理机计算。

$$X = \frac{c \times V}{m \times 1\,000}$$

式中：X——试样中分析物的含量（mg/kg）；

　　　c——从基质标准曲线中得到的样液中分析物的含量（ng/mL）；

　　　V——样液最终定容体积（mL）；

　　　m——最终样液所代表的试样质量（g）。

计算结果应扣除空白值，测定结果用平行测定的算术平均值表示，保留两位有效数字。

4）水果中赤霉酸残留量的测定

赤霉酸是一种广谱低毒植物生长调节剂，是植物体内普遍存在的五大内源激素之一，能促进作物细胞分裂与生长，促使植物生长发育，使植株增高、叶片增大，打破种子、块茎和鳞茎等器官的休眠，促进发芽，提高结果率或无核果实结实率，在棉花、水稻、马铃薯、水果、蔬菜等作物上广泛使用。

（1）检测原理：用乙腈提取试样中残留的赤霉酸，提取液经液液分配净化后，用液相色谱 – 质谱 / 质谱测定和确证，外标法定量。

（2）仪器和设备。

①液相色谱－质谱/质谱仪：配有电喷雾离子源。

②分析天平：感量 0.01 g 和 0.000 1 g。

③ pH 计。

④旋转蒸发器。

⑤旋涡混合器。

⑥离心机：4 000 r/min。

（3）试剂与耗材。

①试剂。

a. 乙腈（C_2H_3N）：色谱纯。

b. 甲醇（CH_4O）：色谱纯。

c. 乙酸乙酯（$C_4H_8O_2$）：色谱纯。

d. 甲酸（CH_2O_2）：色谱级。

e. 磷酸二氢钾（K_2HPO_4）。

f. 氢氧化钠（NaOH）。

g. 硫酸（H_2SO_4）。

h. 氯化钠（NaCl）。

②耗材。有机相微孔滤膜：0.45 μm。

（4）试剂配制。

①硫酸水溶液（pH 为 2.5）：在 100 mL 水中加入 1 滴硫酸，调节 pH 为 2.5。

②磷酸盐缓冲溶液（pH 为 7）：将 6.7 g 磷酸二氢钾和 1.2 g 氢氧化钠溶解于 1 L 水中。

③ 0.15% 甲酸溶液：移取 0.15 mL 甲酸，用水稀释至 100 mL。

（5）标准品及标准溶液制备。

①赤霉酸标准品（gibberellic acid，CAS 号：77–06–5，$C_{19}H_{22}O_6$）：纯度 ≥ 98%。

②标准溶液配置。

a. 赤霉酸标准储备溶液：称取适量标准品，用甲醇溶解，溶液浓度为 100 μg/mL。于 0～4 ℃冷藏，避光保存。有效期 3 个月。

b. 标准工作溶液：根据需要用空白样品溶液将标准储备溶液稀释成 4 ng/mL、5 ng/mL、10 ng/mL、100 ng/mL 和 150 ng/mL 的标准工作溶液，相当于样品中含有 8 μg/kg、10 μg/kg、20 μg/kg、200 μg/kg、300 μg/kg 赤霉酸。临用前配制。

（6）分析步骤。

①提取。称取 5 g 试样（精确到 0.01 g）置于 50 mL 塑料离心管中，加入 25 mL 乙腈和 2 g 氯化钠，涡旋 1 min，以 4 000 r/min 转速离心 5 min。将上层乙腈提取液转移至浓缩瓶中，下层溶液再用 20 mL 乙腈提取一次，合并乙腈提取液，在 45 ℃以下水浴减压浓缩至近干，用 10 mL 硫酸水溶液将残渣转移至 50 mL 塑料离心管中，加入 20 mL 乙酸乙酯，涡旋 1 min，以 4 000 r/min 转速离心 5 min。将乙酸乙酯转移至另一 50 mL 塑料离心管中，再加入 20 mL 乙酸乙酯，重复上述操作，合并乙酸乙酯提取液，加入 10 mL 磷酸盐缓冲溶液，涡旋，以 4 000 r/min 转速离心 5 min，分取磷酸盐缓冲盐溶液，乙酸乙酯层中再加入 10 mL 磷酸盐缓冲溶液提取一次，合并磷酸盐缓冲溶液，滴加 50％硫酸溶液，调节溶液 pH 为（2.5±0.2），加入 20 mL 乙酸乙酯，涡旋 1 min，以 4 000 r/min 转速离心 5 min，将上层乙酸乙酯转移至浓缩瓶中，磷酸盐缓冲盐溶液层中再加入 20 mL 乙酸乙酯提取一次，合并乙酸乙酯提取液，在 45 ℃以下水浴减压浓缩至近干，加 10.0 mL 甲醇–水（体积比 1 ∶ 1）溶解残渣，混匀，过 0.45 μm 滤膜，供液相色谱 – 质谱 / 质谱仪测定。

②测定。

a. 液相色谱 – 质谱 / 质谱参考条件如下：色谱柱为 C_{18} 柱，150 mm × 4.6 mm，5 μm 或相当者；流动相乙腈 –0.15％甲酸水溶液（体积比 35 ∶ 65）；流速 0.4 mL/min；进样量 30 μL；离子源为电喷雾离子源；扫描方式为负离子扫描；检测方式为多反应监测。

雾化气、气帘气、辅助气、碰撞气均为高纯氮气；使用前应调节各气体流量，以使质谱灵敏度达到检测要求。

b. 液相色谱 – 质谱测定与确证。根据样液中赤霉酸的含量情况，选定响应值适宜的标准工作溶液进行色谱分析，标准工作溶液应有 5 个浓度水平。待测样液中赤霉酸的响应值均应在仪器检测的工作曲线范围内。在上述色谱条件下，赤霉酸的参考保留时间约为 4.9 min。按照上述条件测定样品和标准工作溶液，如果检测的质量色谱峰保留时间与标准工作溶液一致，允许偏差小于 2.5％；定性离子对的相对丰度与浓度相当标准工作溶液的相对丰度一致，相对丰度允许偏差在规定范围内，则可判断样品中存在相应的被测物。

（7）结果计算和表述。用色谱数据处理机或按下式计算试样中赤霉酸残留含量。

$$X = \frac{C_i \times V \times 1\,000}{m \times 1\,000}$$

式中：X——试样中赤霉酸的残留量（μg/kg）；

C_i——由标准曲线得到的赤霉酸浓度（ng/mL）；

V——样液最终定容体积（mL）；

m——最终样液代表的试样质量（g）。

计算结果应扣除空白值，测定结果用平行测定的算术平均值表示，保留两位有效数字。

6.5.3 液相色谱 – 质谱联用仪在化妆品安全领域的应用实验项目

1）化妆品中 4– 氨基联苯及其盐含量的测定

4– 氨基联苯作为一种重要的染料芳香胺中间体，有致畸、致癌、致突变的危害。2007 年卫生部颁布的《化妆品卫生规范》已将 4– 氨基联苯及其盐列为 288 号禁用组分。

（1）检测原理。样品通过超声提取、液液萃取及固相萃取小柱净化并浓缩后，用适当的有机溶剂定容，经液相色谱 – 串联质谱仪测定，以内标法定量。

（2）仪器。

①液相色谱 – 串联质谱仪：配 ESI 离子源。

②天平。

③涡旋混合器。

④离心机：转速 10 000 r/min，离心管容量为 10 mL。

⑤样品过滤器：0.2 μm PTFE 滤膜或相当者。

（3）试剂。除另有规定外，所用试剂均为分析纯或以上规格，水为《分析实验室用水规格和试验方法》（GB/T 6682—2008）中规定的一级水。

①甲醇：色谱纯。

②乙腈：色谱纯。

③甲酸：色谱纯。

④正己烷：分析纯。

⑤乙醚：分析纯。

⑥氯化钠饱和溶液。

⑦ HLB 固相萃取小柱或相当者：500 mg/6 mL。

⑧氨水：NH₃ 含量 25％ ～ 28％。

⑨ 4- 氨基联苯：纯度 >99％。

⑩ 4- 氨基联苯 -D9：纯度 >99％。

（4）试剂配制。

① 30％甲醇水溶液：甲醇与水的体积比为 30 ∶ 70。

② 5％氨水甲醇溶液：氨水与甲醇的体积比为 5 ∶ 95，现配现用。

③ 4- 氨基联苯标准储备溶液：称取 4- 氨基联苯标准物质 10 mg（精确到 0.000 01 g），用甲醇溶解并定容至 10 mL，于 –18 ℃下保存。

④ 4- 氨基联苯标准工作溶液：取标准储备溶液，用甲醇稀释定容，制成浓度为 1 000 ng/mL 的标准溶液，于 –18 ℃下保存。临用时用 50％甲醇水溶液稀释成 5 ng/mL、25 ng/mL、50 ng/mL、125 ng/mL、250 ng/mL、500 ng/mL。

⑤ 4- 氨基联苯 -D9 内标标准溶液：用 50％甲醇稀释内标标准溶液，得到 100 ng/mL 4- 氨基 联苯 -D9 内标标准溶液。

⑥从 4- 氨基联苯标准工作溶液中分别吸取 0.5 mL 溶液与 0.5 mL 100 ng/mL 内标标准溶液混合，制得内标 4- 氨基联苯 -D9 浓度为 50ng/mL，4- 氨基联苯分别为 2.5 ng/mL、12.5 ng/mL、25 ng/mL、62.5 ng/mL、125 ng/mL、250 ng/mL 的标准溶液，并根据需要配制成相应浓度的空白基质加标标准溶液。

（5）分析步骤。

①样品处理。

a. 化妆水、面霜、粉底类化妆品。称取样品 0.2 g（精确到 0.000 1 g），置于 10 mL 具塞塑料离心管中，加入 1 mL 浓度为 100 ng/mL 氘同位素标记的 4- 氨基联苯，再加入 3 mL 氯化钠饱和溶液，于涡旋混合器上使样品分散，加入 3 mL 乙腈，充分涡旋，并超声提取 30 min，以 10 000 r/min 转速离心 10 min，吸出上层清液，置于另一 10 mL 具塞塑料离心管中，下层氯化钠饱和溶液用 3 mL 乙腈重复提取一次，合并两次乙腈提取液，往提取液中加入正己烷 2 mL，涡旋离心，静置分层，弃去上层正己烷溶液，再在乙腈层加入正己烷 2 mL，涡旋离心，静置分层，弃去上层正己烷溶液，转移下层乙腈溶液至另一 10 mL 玻璃刻度试管中，40 ℃水浴下用氮气吹至近干，再用 30％甲醇水溶液重新溶解、定容至 2 mL，并经 0.2 μm 滤膜过滤后作为测定液上机测定。

b. 洗面奶、沐浴液类化妆品。称取样品 0.2 g（精确到 0.000 1 g），置于 10 mL 具塞塑料离心管中，加入 1 mL 浓度为 100 ng/mL 氘同位素标记的 4- 氨基联苯，再加入 3 mL 氯化钠饱和溶液，于涡旋混合器上使样品分散，加入 3 mL 乙醚，充分涡旋，并超声提取 30 min，以 10 000 r/min 转速离心 10 min，吸出上层清液，置于另一 10 mL 具塞塑料离心管中，下层氯化钠饱和溶液用 3 mL 乙醚重复提取一次，合并两次乙醚提取液，用氮气吹至近干，并用 2 mL 30％甲醇水溶液重新溶解，再加入 8 mL 纯水稀释。

将 HLB 固相萃取小柱接上固相萃取装置，小柱预先用 10 mL 甲醇、10 mL 水进行活化、平衡。将待净化的样品溶液倒入固相萃取小柱，待样品溶液自然流尽后，依次用 10 mL 纯水、5 mL 10％甲醇溶液淋洗小柱；待淋洗液自然流尽后，用吸球吹出小柱中的残留液，用 10 mL 5％氨水甲醇溶液洗脱固相萃取小柱，收集洗脱液，40 ℃水浴下用氮气吹至近干，再用 30％甲醇水溶液重新溶解、定容至 2 mL，并经 0.2 μm 滤膜过滤后作为测定液上机测定。

c. 指甲油与口红类化妆品。称取样品 0.2 g（精确到 0.000 1 g），置于 10 mL 具塞塑料离心管中，加入 1 mL 浓度为 100 ng/mL 氘同位素标记的 4- 氨基联苯，再加入 3 mL 乙腈，于涡旋混合器上使样品分散溶解，充分涡旋，并超声提取 30 min，以 10 000 r/min 转速离心 10 min，取上层清液，置于另一 10 mL 具塞塑料离心管中，下层样品残渣再用 3 mL 乙腈重复提取一次，合并两次乙腈提取液，往提取液中加入 2 mL 正己烷，涡旋，离心，静置分层，弃去上层正己烷溶液，再在乙腈层加入 2 mL 正己烷，涡旋，离心，静置分层，弃去上层正己烷溶液，将下层乙腈溶液转移至另一 10 mL 玻璃刻度试管中，40 ℃水浴下用氮气吹至近干，再用 30％甲醇水溶液重新溶解、定容至 2 mL，并经 0.2 μm 滤膜过滤后作为测定液上机测定。

②仪器参考条件。

a. 色谱条件：色谱柱为 C_{18} 柱（100 mm × 2.1 mm × 1.7 μm）或等效色谱柱；柱温 40 ℃；流动相 0.3％甲酸水溶液与乙腈的体积比为 75 ∶ 25；流速 0.5 mL/min；进样量 2 μL。

b. 质谱条件：电离源模式为电喷雾离子化；电离源极性为正离子模式；雾化气为氮气；雾化气压力 45 psi；毛细管电压 3 500 V；干燥气温度 325 ℃；干燥气流速 5 L/min；鞘气温度 400 ℃；鞘气流速 12 L/min；监测方法为多反应监测（MRM）；分辨率为 Q1（unit）Q3（unit）。

质谱测定参数如表 6-10 所示，质谱鉴定的允差如表 6-11 所示。

表6-10　4-氨基联苯及其内标物的保留时间、监测离子对、源内裂解电压、碰撞气能量

分析物	保留时间 /min	母离子	子离子	源内裂解电压(Ｖ)	碰撞气能量（Ｖ）
4- 氨基联苯 -D9	1.069	179	159*	150	33
4- 氨基联苯	1.139	170.1	152* 93	75 75	30 30

注：　"*"为定量离子。

表6-11　定性测定时相对离子丰度最大允许偏差

相对离子丰度 K	k>50％	50％≥ k ≥ 20％	20％≥ k ≥ 10％	k>10％
允许的最大偏差	± 20％	± 25％	± 30％	± 50％

③测定。在仪器条件下，取空白基质加标系列溶液分别进样，进行分析，以空白基质加标浓度与内标物浓度的比值为横坐标，空白基质加标峰面积与内标峰面积的比值为纵坐标，绘制标准曲线。取待测溶液进样。

（6）结果计算。

$$\omega = \frac{\rho \times R \times V}{m}$$

式中：ω——样品中 4- 氨基联苯及其盐的含量，以 4- 氨基联苯计（μg/kg）；

　　　　ρ——4- 氨基联苯氘代同位素内标的质量浓度（ng/mL）；

　　　　R——从标准曲线上得到 4- 氨基联苯与同位素内标的质量浓度比值；

　　　　V——样品定容体积（mL）；

　　　　m——样品的质量（g）。

在重复性条件下获得的两次独立测定结果的绝对差值不得超过算术平均值的10％。

2）化妆品中丙烯酰胺含量的测定

聚丙烯酰胺常作为增稠剂、稳定剂、泡沫生成剂、成膜剂、抗静电和头发固型剂等添加到化妆品中，起到改善化妆品质感、感官效果的作用。丙烯酰胺是聚丙烯酰胺的底物，聚丙烯酰胺的使用可能将未反应完全或者分解出的丙烯酰胺带到化妆

品中。丙烯酰胺对动物具有神经毒性、生殖毒性和致癌性。丙烯酰胺可通过人体皮肤吸收，进入人体后转化为环丙酰胺，与谷胱甘肽、血红蛋白和 DNA 结合，生成各种代谢产物经尿液排出。《化妆品安全技术规范（2015 年版）》中将丙烯酰胺列为化妆品禁用组分，驻留型体用产品中丙烯酰胺单体最大残留量为 0.1 mg/kg，其他产品丙烯酰胺单体最大残留量为 0.5 mg/kg。

（1）检测原理。样品经过提取后，用液相色谱－质谱法测定，以多反应离子监测模式进行监测，采用特征离子丰度比进行定性，丙烯酰胺与内标峰面积比定量。

（2）仪器。

①液相色谱－三重四极杆质谱联用仪。

②天平。

③超声波清洗器。

④高速离心机。

⑤精密移液器。

⑥涡旋振荡器。

（3）试剂。除另有规定外，本方法所用试剂均为分析纯或以上规格，水为《分析实验室用水规格和试验方法》（GB/T 6682—2008）中规定的一级水。

①丙烯酰胺：纯度 ≥ 99.0％。

②氘代丙烯酰胺（2,3,3–D3）：纯度 ≥ 98％。

③醋酸铵。

④乙腈：色谱纯。

⑤甲醇：色谱纯。

⑥空白样品：选择不含丙烯酰胺的化妆品作为空白样品。

（4）试剂配制。

①乙腈溶液：量取 10 mL 乙腈，置于 100 mL 量瓶中，加水稀释至刻度，混匀。

②醋酸铵溶液：称取醋酸铵 0.08 g，置于 50 mL 容量瓶中，加水溶解并定容至刻度，即得浓度约为 0.02 mol/L 的醋酸铵溶液。

③丙烯酰胺标准储备溶液：称取丙烯酰胺标准品 50 mg（精确到 0.000 1 g），置于 100 mL 量瓶中，加乙腈溶液使溶解并定容至刻度，摇匀，即得质量浓度为 0.5 g/L 的丙烯酰胺标准储备溶液。

（5）分析步骤。

①标准系列溶液的制备。

a. 丙烯酰胺标准系列溶液。按照表6-12操作，分别精密量取一定体积的丙烯酰胺标准储备溶液置于10 mL容量瓶中，以乙腈溶液稀释并定容至刻度，得到不同浓度的丙烯酰胺标准系列溶液。

表6-12 丙烯酰胺标准系列溶液的配制

溶 液	溶液初始浓度	量取体积	定容终体积	标准溶液终浓度
标准溶液1	0.5 mg/mL	2 mL	10 mL	100 μg/mL
标准溶液2	0.5 mg/mL	1 mL	10 mL	50 μg/mL
标准溶液3	50 μg/mL	1 mL	10 mL	5 μg/mL
标准溶液4	5 μg/mL	2 mL	10 mL	1 μg/mL
标准溶液5	1 μg/mL	2 mL	10 mL	0.2 μg/mL
标准溶液6	1 μg/mL	1 mL	10 mL	0.1 μg/mL

b. 内标工作溶液。称取氘代丙烯酰胺标准品10 mg（精确到0.000 01 g）置于100 mL量瓶中，加乙腈溶液使之溶解并定容至刻度，摇匀，即得浓度为100 μg/mL的氘代丙烯酰胺储备溶液，然后精密量取氘代丙烯酰胺储备溶液1 mL，置于50 mL量瓶中，加乙腈溶液使之溶解并定容至刻度，摇匀，即得浓度为2 μg/mL的氘代丙烯酰胺内标工作溶液。

c. 空白样品加入丙烯酰胺标准系列溶液。取空白样品6份，每份0.2 g（精确到0.000 1 g），置于5 mL塑料离心管中，分别加浓度为2 μg/mL的内标溶液50 μL，涡旋30 s，再分别加丙烯酰胺系列标准溶液50 μL，涡旋30 s；然后加0.15 mL 0.02 mol/L的醋酸铵水溶液，涡旋30 s。再加2.0 mL乙腈，涡旋60 s后，以10 000 r/min转速离心10 min，取上清液，氮气吹干，残渣加2 mL流动相复溶，涡旋60 s，以10 000 r/min转速离心5min，取上清液，经0.45 μm微孔滤膜过滤后，滤液作为待测溶液，备用，使得每克样品中含有丙烯酰胺0.025 μg、0.05 μg、0.25 μg、1.25 μg、12.5 μg、25 μg。

②样品处理。称取0.2 g（精确到0.000 1 g）样品，置于5 mL塑料离心管中，

加浓度为 2 μg/mL 的内标溶液 50 μL，涡旋 30 s；然后加 0.15 mL 0.02 mol/L 的醋酸铵水溶液，涡旋 30 s，再加 2.0 mL 乙腈，涡旋 60s 后，以 10 000 r/min 转速离心 10 min，取上清液，氮气吹干，残渣加 2 mL 流动相复溶，涡旋 60 s，以 10 000 r/min 转速离心 5 min，经 0.45 μm 微孔滤膜过滤后，滤液作为待测溶液，备用。

③仪器参考条件。

a. 色谱条件：色谱柱为 Waters Atlantis T3（100 mm×2.1 mm×3.5 μm）或等效色谱柱；流动相甲醇与 0.1% 甲酸水溶液体积比为 1.5：98.5，恒度洗脱 3 min；流速 0.3 mL/min；柱温 25 ℃；进样量 5 μL；

b. 质谱条件：离子源为电喷雾离子源（ESI 源）；监测模式为正离子监测模式；监测离子对及相关电压参数设定如表 6-13 所示；雾化气压力 50 psi；干燥气流速 12 L/min；干燥气温度 350 ℃；毛细管电压 4 000 V。

0～1 min 不进入质谱仪分析，1～2.5 min 进入质谱仪分析。

表6-13　三重四级杆离子对及相关电压参数设定表

编　号	组分名称	母离子质荷比	去簇电压 (V)	子离子质荷比	碰撞能量(V)
1	丙烯酰胺	72	40	55	8
2	氘代丙烯酰胺（内标）	75	40	58	8

④测定。

a. 定性测定。用液相色谱－质谱法对样品进行定性判定，如果检出的色谱峰的保留时间与标准品相一致，并且所选择的监测离子对的相对丰度比与标准样品的离子对相对丰度比一致（表 6-14），则可以判断样品中存在丙烯酰胺。

表6-14　监测离子和离子相对丰度比

监测离子对 m/z	离子相对丰度比（%）	允许相对偏差（%）
72-55	100	
72-44	应用标准品测定离子相对丰度比	±50
72-27	应用标准品测定离子相对丰度比	±50

b. 定量测定。在分析条件下，用空白样品加入丙烯酰胺标准系列溶液分别进样，

以其浓度为横坐标，丙烯酰胺与内标的峰面积比为纵坐标，进行线性回归，建立标准曲线，其线性相关系数应大于 0.99。取样品待测溶液进样 5 μL，将丙烯酰胺与内标的峰面积比代入标准曲线，计算丙烯酰胺的质量浓度，得出样品中丙烯酰胺的含量。

（6）结果计算。

①计算。

$$\omega = \frac{m_1}{m}$$

式中：ω——化妆品中丙烯酰胺的含量（mg/kg）；

　　m——样品取样量（g）；

　　m_1——从标准曲线得到待测组分的质量（μg）。

在重复性条件下获得的两次独立测定结果的绝对差值不得超过算术平均值的15%。

②回收率和精密度。两个浓度水平的平均提取回收率为85%～110%，并且 RSD 小于 8%（n=6），平均方法回收率为96.6%～106%，并且 RSD 小于 8%（n=6）。

3）化妆品中米诺地尔等 7 种组分含量的测定

米诺地尔是一种治疗高血压的血管扩张药，但有一定的副作用，如皮炎、毛发增生、头晕等。近年来，部分不法商家为获取利润，盲目追求产品的有效性，向育发类化妆品中非法添加米诺地尔。《化妆品安全技术规范（2015 年版）》中明确规定化妆品中严禁添加此成分。

（1）检测原理。样品经提取后，用液相色谱－串联质谱法测定，以多反应离子监测模式进行监测，采用特征离子丰度比进行定性，各组分峰面积定量，以标准曲线法计算含量。

（2）仪器。

①液相色谱－三重四极杆质谱联用仪。

②天平。

③超声波清洗器。

④离心机。

⑤涡旋混合器。

（3）试剂。除另有规定外，本方法所用试剂均为分析纯或以上规格，水为《分析实验室用水规格和试验方法》（GB/T 6682—2008）中规定的一级水。

①标准品：米诺地尔、氢化可的松、螺内酯、雌酮、坎利酮、醋酸曲安奈德、黄体酮。

②乙腈：色谱纯。

③甲醇：色谱纯。

（4）试剂配制。

①90%乙腈溶液：量取 10 mL 水，置于 100 mL 量瓶中，加乙腈稀释至刻度，混匀。

②流动相的配制：流动相 A 为 0.2% 甲酸水溶液，流动相 B 为甲醇（含 0.2% 甲酸）。

③混合标准储备溶液：称取米诺地尔、氢化可的松、螺内酯、雌酮、坎利酮、醋酸曲安奈德、黄体酮标准品各 10 mg（精确到 0.000 01 g），置于同一 10 mL 容量瓶中，加甲醇使溶解并定容至刻度，摇匀，即得浓度为 1.0 mg/mL 的混合标准储备溶液。

（5）分析步骤。

①混合标准系列溶液的制备。用 90% 乙腈溶液稀释混合标准储备溶液，得到浓度为 10.0 ng/mL、20.0 ng/mL、50.0 ng/mL、100.0 ng/mL、200.0 ng/mL、500.0 ng/mL、1 000.0 ng/mL、1 500.0 ng/mL 的混合标准系列溶液。

②样品处理。称取 1 g（精确到 0.001 g）样品，置于 10 mL 具塞比色管中，加入 1 mL 饱和氯化钠溶液，涡旋 30 s 后加入乙腈，定容至刻度，涡旋 30 s，超声提取 30 min，涡旋 1 min，以 4 500 r/min 的转速离心 5 min，取上清液，经 0.45 μm 微孔滤膜过滤后作为待测液备用。

③仪器参考条件。

a. 色谱条件：色谱柱为 C_{18} 柱（150 mm × 2.1 mm × 3.5 μm）或等效色谱柱，螺内酯和坎利酮两个化合物色谱峰分离度要求大于 1.5；流动相 A 为 0.2 甲酸水溶液，流动相 B 为甲醇（含 0.2 甲酸%），梯度洗脱程序如表 6-15 所示；流速 0.3 mL/min；柱温 30 ℃；进样量 5 μL。

表6-15　化妆品中米诺地尔等7种组分含量的测定中的流动相梯度洗脱程序

时间（min）	流动相 A 的体积含量（%）	流动相 B 的体积含量（%）
0	95	5
2	75	25
4	45	55
11	20	80
18	10	90

b.质谱条件：离子源为电喷雾离子源（ESI 源）；监测模式为正离子监测模式；喷雾压力 40 psi；干燥气流速 8 L/min；干燥气温度 325 ℃；毛细管电压 4 000 V。

0 ～ 3.5 min 不进入质谱仪分析，3.5 ～ 18 min 进入质谱仪分析。

三重四极杆离子对及相关电压参数设定如表 6-16 所示。

表6-16　化妆品中米诺地尔等7种组分含量的测定中的三重四极杆离子对及相关电压参数

编　号	组分名称	母离子质荷比	去簇电压 (V)	子离子质荷比	碰撞能量（V）
1	米诺地尔	210.0	110 110	193.2 164.1*	10 25
2	氢化可的松	363.1	125 125	327 121*	10 25
3	螺内酯	341.1	147 165	107.1* 90.9	35 65
4	雌酮	271.2	105 105	253.1* 132.8	5 22
5	坎利酮	341.1	147 165	107.1* 90.9	35 65
6	醋酸曲安奈德	477.1	100 100	457.2* 439.1	5 10
7	黄体酮	315.2	140 140	109 97*	25 23

注：　"*"为定量离子对。

④测定。

a.定性测定。用液相色谱－串联质谱法对样品进行定性判定，在相同试验条件下，样品中被测禁用组分的质量色谱峰保留时间与标准溶液中对应组分的质量色谱峰保留时间一致；样品色谱图中所选择的监测离子对的相对丰度比与相当浓度标准溶液的离子相对丰度比的偏差不超过规定范围，则可以判断样品中存在对应的禁用组分。

b. 定量测定。在液相色谱－三重四极杆质谱联用条件下，用混合标准系列溶液分别进样，以各组分标准系列浓度为横坐标，以峰面积为纵坐标，绘制标准曲线，其线性相关系数应大于 0.99。

取待测溶液进样，各组分的峰面积代入标准曲线，计算浓度。

（6）结果计算。

①计算。

$$\omega = \frac{D \times \rho \times V}{m \times 10^3}$$

式中：ω——化妆品中米诺地尔等 7 种组分的质量分数（μg/g）；

D——样品稀释倍数（不稀释则为 1）；

ρ——从标准曲线得到待测组分的质量浓度（ng/mL）；

V——样品定容体积（mL）；

m——样品取样量（g）。

在重复性条件下获得的两次独立测定结果的绝对差值不得超过算术平均值的 15%。

②回收率和精密度。多家实验室验证的平均回收率为 90.4%～113.0%，相对标准偏差小于 8.6%。

4）化妆品中氟康唑等 9 种组分含量的测定

氟康唑等 9 种组分（氟康唑、环吡酮胺、酮康唑、萘替芬、联苯苄唑、克霉唑、益康唑、咪康唑、灰黄霉素）是抗真菌药物。一些不法商家为了牟取暴利，在化妆品中非法添加各种抗感染类药物，以达到快速见效的目的，但长期使用含有抗感染类药物的化妆品，会诱发人体菌群失调，出现接触性皮炎等过敏现象，严重时会造成内脏的损伤。

（1）检测原理。样品提取后（其中环吡酮胺的测定需要进行硫酸二甲酯衍生化处理），用液相色谱－串联质谱法测定，以多反应离子监测模式进行监测，采用特征离子丰度比进行定性，峰面积定量，以标准曲线法计算含量。

（2）仪器。

①液相色谱－三重四极杆质谱联用仪。

②天平。

③超声波清洗器。

④离心机。

⑤涡旋混合器。

（3）试剂。除另有规定外，本方法所用试剂均为分析纯或以上规格，水为《分析实验室用水规格和试验方法》（GB/T 6682—2008）中规定的一级水。

①氟康唑、灰黄霉素、酮康唑、克霉唑、益康唑、咪康唑、联苯苄唑、环吡酮胺、萘替芬标准品（纯度大于 97 %）。

②乙腈：色谱纯。

③硫酸二甲酯。

④三乙胺。

⑤乙酸：色谱纯。

⑥氯化钠。

⑦氢氧化钠。

（4）试剂配制。

①饱和氯化钠溶液：称取 40 g 氯化钠，置于 250 mL 磨口锥形瓶中，加入 100 mL 水，超声 15 min，即得。

② 0.3 mmol/L 氢氧化钠溶液：称取 1.2 g 氢氧化钠，置于 250 mL 烧杯中，加入 100 mL 水，用玻璃棒搅拌至溶解，即得。

③流动相的配制：流动相 A 为 0.1 % 乙酸，流动相 B 为乙腈（含 0.1 % 乙酸）。

④混合标准储备溶液：称取氟康唑、灰黄霉素、酮康唑、克霉唑、益康唑、咪康唑、联苯苄唑、环吡酮胺、萘替芬各 10 mg（精确到 0.000 01 g），置于同一 10 mL 容量瓶中，加乙腈使溶解并定容至刻度，摇匀，即得浓度为 1 mg/mL 的混合标准储备溶液。

⑤混合标准系列溶液的制备。取混合标准储备溶液，用乙腈配制浓度为 10 μg/mL、25 μg/mL、50 μg/mL、100 μg/mL、300 μg/mL、500 μg/mL 的混合标准系列溶液。

（5）分析步骤。

①样品处理。

a. 未衍生化样品处理（用于测定除环吡酮胺外的 8 种禁用组分）。称取 0.5 g（精确到 0.001 g）样品，置于 25 mL 具塞比色管中，加入 1 mL 饱和氯化钠溶液，涡旋 30 s，加入乙腈 1 mL，涡旋 30 s，加入乙腈 20 mL，涡旋 30 s，超声提取 30 min，涡旋 30 s，加入乙腈定容至刻度，以 4 500 r/min 的转速离心 5 min，取上清液经 0.45 μm 微孔滤膜过滤后，滤液作为未衍生化待测溶液，用于测定除环吡酮胺外的 8 种禁用组分。

b. 衍生化样品处理（仅用于测定环吡酮胺）。精密吸取 1 mL 上述未衍生化待测备用溶液，置于玻璃试管中，加入 0.5 mL 0.3 mmol/L 氢氧化钠溶液，而后加入 50 μL 硫酸二甲酯，涡旋 30 s，于 37 ℃水浴 15 min，最后加入 50 μL 三乙胺，涡旋 30 s 后，经 0.45 μm 微孔滤膜过滤，滤液作为衍生化待测溶液，仅用于测定环吡酮胺。

②基质标准系列溶液的制备。

a. 未衍生化基质标准系列溶液的制备。称取 0.5 g（精确到 0.001 g）空白样品，置于 25 mL 具塞比色管中，分别加入混合标准系列溶液 50 μL，按步骤进行前处理，即得浓度为 1 μg/g、2.5 μg/g、5 μg/g、10 μg/g、30 μg/g、50 μg/g 的未衍生化基质标准系列溶液，用于测定除环吡酮胺外的 8 种禁用组分（基质标准曲线采用的空白样品的性状应与待测化妆品基本一致）。

b. 衍生化基质标准系列溶液的制备。精密吸取 1 mL 上述未衍生化基质标准系列溶液，置于玻璃试管中，加入 0.5 mL 0.3 mmol/L 氢氧化钠溶液，而后加入 50 μL 硫酸二甲酯，涡旋 30 s，于 37 ℃水浴 15 min，最后加入 50 μL 三乙胺，涡旋 30 s 后，经 0.45 μm 微孔滤膜过滤后，即得浓度为 1 μg/g、2.5 μg/g、5 μg/g、10 μg/g、30 μg/g、50 μg/g 的衍生化基质标准系列溶液，仅用于测定环吡酮胺。

③仪器参考条件。

a. 色谱条件：色谱柱为 C_{18} 柱（100 mm × 2.1 mm × 3.5 μm）或等效色谱柱；流速 0.4 mL/min；柱温 30 ℃；进样量 2 μL。

表6-17 化妆品中氟康唑等9种组分含量的测定中的流动相梯度洗脱程序

时间（min）	流动相 A 的体积含量（%）	流动相 B 的体积含量（%）
0.0	85	15
1.0	85	15

时间（min）	流动相 A 的体积含量（%）	流动相 B 的体积含量（%）
2.0	55	45
4.0	40	60
4.8	20	80
5.0	85	15
9.0	85	15

b. 质谱条件：离子源为电喷雾离子源（ESI 源）；监测模式为正离子监测模式；监测离子对及相关电压参数设定如表 6-18 所示；喷雾压力 40 psi；干燥气流速 10 L/min；干燥气温度 350 ℃；毛细管电压 4 000 V。

0 ~ 1.5min 不进入质谱仪分析，1.5 ~ 9 min 进入质谱仪分析。

表6-18　化妆品中氟康唑等9种组分含量测定中的三重四极杆离子对及相关电压参数设定表

编　号	组分名称	母离子质荷比	去簇电压（V）	子离子质荷比	碰撞能量（V）
1	灰黄霉素	353.0	130 130	165.0* 215.0	20 20
2	酮康唑	531.0	130 130	489.0* 255.0	50 40
3	克霉唑	277.0	110 110	165.0* 241.0	20 20
4	益康唑	381.0	130 130	125.0* 193.0	40 20
5	咪康唑	417.0	130 130	159.0* 161.0	40 30
6	氟康唑	307.0	130 130	238.0* 220.0	15 15
7	联苯苄唑	311.0	90 90	243.0* 165.0	35 10
8	环吡酮胺	222.2	110 110	136.1* 162.2	25 30
9	萘替芬	288.0	110 110	117.0* 141.0	25 15

注：“*”为定量离子对。

④定性判定。用液相色谱－串联质谱法对样品进行定性判定，在相同试验条件下，样品中应呈现定量离子对和定性离子对的色谱峰，被测禁用组分的质量色谱峰保留时间与标准溶液中对应组分的质量色谱峰保留时间一致；样品色谱图中所选择的监测离子对的相对丰度比与相当浓度标准溶液的离子对相对丰度比的偏差不超过规定范围，则可以判断样品中存在对应的禁用组分。

⑤测定。

a. 未衍生化样品定量测定。在液相色谱－三重四极杆质谱联用条件下，用未衍生化基质标准系列溶液分别进样，以系列浓度为横坐标，以峰面积为纵坐标，进行线性回归，绘制基质标准曲线，其线性相关系数应大于 0.99。

取处理得到的待测溶液进样，根据峰面积，由基质标准曲线得到禁用组分的浓度，计算样品中除环吡酮胺外 8 种禁用组分的质量分数。

b. 衍生化样品定量测定。在液相色谱－三重四极杆质谱联用分析条件下，用衍生化基质标准系列溶液分别进样，以系列浓度为横坐标，以峰面积为纵坐标，进行线性回归，绘制基质标准曲线，其线性相关系数应大于 0.99。

取处理得到的待测溶液进样，根据峰面积，由基质标准曲线得到禁用组分的浓度，计算样品中环吡酮胺的质量分数。

（6）结果计算。

①计算。

$$\omega = D \times f \times \pi$$

式中：ω——化妆品中氟康唑等 9 种组分的质量分数（μg/g）;

f——样品称量重量校正系数，0.5 g/m（m 为样品取样量，g）;

π——由标准曲线得到待测组分的浓度（μg/g）;

D——稀释倍数（不稀释则为 1）。

在重复性条件下获得的两次独立测试结果的绝对差值不得超过算术平均值的 15%。

②回收率和精密度。低浓度的方法回收率为 84.7%～113.5%，相对标准偏差小于 14.9%，中、高浓度的方法回收率为 84.8%～115.1%，相对标准偏差小于 13.0%。

5）化妆品中依诺沙星等 10 种组分含量的测定

祛痘类化妆品是一类宣称具有祛痘功能的化妆品，并不属于特殊用途化妆品，部分不法商家为达到宣称的祛痘功能，可能会非法使用《化妆品安全技术规范》

（2015 版）中规定的抗生素类禁用药物组分，如依诺沙星、氟罗沙星、氧氟沙星、诺氟沙星、培氟沙星、环丙沙星、恩诺沙星、沙拉沙星、双氟沙星、莫西沙星等。

（1）检测原理。样品提取后，经液相色谱 – 串联质谱仪测定，以多反应离子监测模式进行监测，采用特征离子丰度比进行定性，峰面积定量，以标准曲线法计算含量。

（2）仪器。

①液相色谱 – 三重四极杆质谱联用仪。

②天平。

③超声波清洗器。

④离心机。

⑤涡旋混合器。

（3）试剂。除另有规定外，本方法所用试剂均为分析纯或以上规格，水为《分析实验室用水规格和试验方法》（GB/T 6682—2008）中规定的一级水。

①依诺沙星、氟罗沙星、氧氟沙星、诺氟沙星、培氟沙星、环丙沙星、恩诺沙星、沙拉沙星、双氟沙星、莫西沙星标准品（纯度大于 98%）。

②乙腈：色谱纯。

③甲酸：色谱纯。

④氯化钠。

（4）试剂配制。

① 40% 乙腈溶液：量取 40 mL 乙腈，置于 100 mL 量瓶中，加入 1 mL 甲酸，用水稀释并定容至刻度，摇匀。

②饱和氯化钠溶液：称取 40 g 氯化钠，置于 250 mL 磨口锥形瓶中，加入 100 mL 水，超声 15 min。

③ 2% 甲酸溶液：量取 200 mL 水，置于 500 mL 容量瓶中，加入 10 mL 甲酸，用水稀释并定容至刻度，摇匀。

④流动相的配制：流动相 A 为 0.2% 甲酸，流动相 B 为乙腈（含 0.2% 甲酸）。

⑤混合标准储备溶液：称取 10 mg（精确到 0.000 01 g）依诺沙星、氟罗沙星、氧氟沙星、诺氟沙星、培氟沙星、环丙沙星、恩诺沙星、沙拉沙星、双氟沙星、莫西沙星标准品，置于同一 10 mL 容量瓶中，加 40% 乙腈溶液使溶解并定容至刻度，摇匀，即得浓度为 1 mg/mL 的混合标准储备溶液。

（5）分析步骤。

①混合标准系列溶液的制备。取混合标准储备溶液，分别用 40％乙腈溶液配制成浓度为 10 μg/mL、25 μg/mL、50 μg/mL、100 μg/mL、200 μg/mL、500 μg/mL 的混合标准系列溶液。

②样品处理。称取 0.5g（精确到 0.001 g）样品，置于 25 mL 具塞比色管中，加入 1 mL 饱和氯化钠溶液，涡旋 30 s 后加入 15 mL 2％甲酸，涡旋 10 s 后，加入 5 mL 乙腈，涡旋 30 s，超声提取 30 min，加入乙腈定容至刻度，涡旋 1 min，以 4 500 r/min 的转速离心 5 min，取上清液经 0.45 μm 微孔滤膜过滤，滤液作为待测溶液。

③基质标准系列溶液的制备。称取 0.5 g（精确到 0.001 g）空白样品，置于 25 mL 具塞比色管中，分别加入混合标准系列溶液 50 μL，按照上述步骤进行前处理，即得浓度为 1 μg/g、2.5 μg/g、5 μg/g、10 μg/g、20 μg/g、50 μg/g 的基质标准系列溶液。

④仪器参考条件。

a. 色谱条件：色谱柱为 C_{18} 柱（100 mm×2.1 mm×3.5 μm）或等效色谱柱；流速 0.4 mL/min；柱温 30 ℃；进样量 1 μL。

表6-19　化妆品中依诺沙星等10种组分含量的测定中的流动相梯度洗脱程序

时间（min）	流动相 A 的体积含量（％）	流动相 B 的体积含量（％）
0.0	90	10
3.0	90	10
7.0	70	30
9.0	20	80
9.5	90	10
16.0	90	10

b. 质谱条件：离子源为电喷雾离子源（ESI 源）；喷雾压力 40 psi；干燥气流速 10 L/min；干燥气温度 350 ℃；毛细管电压 4 000 V；0～3 min 不进入质谱仪分析，3～16 min 进入质谱仪分析；监测模式为正离子监测模式。

监测离子对及相关电压参数设定如表 6-20 所示。

表6-20 化妆品中依诺沙星等10种组分含量的测定中的三重四极杆离子对及相关电压参数设定表

序 号	组分名称	母离子质荷比	去簇电压(V)	子离子质荷比	碰撞能量(V)
1	依诺沙星	320.9	130 130	233.9* 276.9	20 15
2	氟罗沙星	369.9	150 150	325.9* 268.9	20 25
3	氧氟沙星	361.9	130 130	317.9* 260.9	20 30
4	诺氟沙星	319.9	130 130	275.9* 232.9	15 20
5	培氟沙星	333.9	130 130	289.9* 232.9	15 25
6	环丙沙星	331.9	130 130	287.9* 244.9	15 20
7	恩诺沙星	359.9	130 130	315.9* 244.9	20 30
8	沙拉沙星	385.9	130 130	341.9* 298.9	20 30
9	双氟沙星	399.9	150 150	355.9* 298.9	20 30
10	莫西沙星	401.9	150 150	357.9* 363.9	20 30

注："*"为定量离子对。

⑤定性判定。用液相色谱－质谱法对样品进行定性判定，在相同试验条件下，样品中应呈现定量离子对和定性离子对的色谱峰，被测禁用组分的质量色谱峰保留时间与标准溶液中对应组分的质量色谱峰保留时间一致；样品色谱图中所选择的监测离子对的相对丰度比与相当浓度标准溶液的离子对的相对丰度比的偏差不超过规定范围，则可以判断样品中存在对应的禁用组分。

⑥测定。在液相色谱－三重四极杆质谱联用条件下，取基质标准系列溶液分别进样，以基质标准系列溶液浓度为横坐标，以峰面积为纵坐标，绘制各测定组分的标准曲线。

取待测溶液进样，测定组分的峰面积代入标准曲线，得到待测溶液中各测定组分的浓度。

（6）结果计算。

①计算。

$$\omega = D \times f \times \pi$$

式中：ω——化妆品中依诺沙星等 10 种组分的质量分数（μg/g）；

f——样品称量重量校正系数，0.5 g/m（m 为样品取样量，g）；

π——由标准曲线得到待测组分的浓度（μg/g）；

D——稀释倍数（不稀释则为 1）。

在重复性条件下获得的两次独立测试结果的绝对差值不得超过算术平均值的 15％。

②回收率和精密度。最低定量浓度的方法回收率为 80.7％～111％，相对标准偏差小于 14％，中、高浓度的方法回收率为 85.3％～106％，相对标准偏差小于 9.4％。

6.5.4　液相色谱－质谱联用仪在中药安全领域的应用实验项目

以黄花蒿中青蒿素含量的测定为例，黄花蒿全草入药，味苦，性寒、凉，无毒，有清热、解暑、凉血、利尿、健胃、止盗汗、祛风止痒的功效，是抗疟疾药物青蒿素的主要原料。

1）检测原理

参考《黄花蒿中青蒿素含量的测定　液相色谱－三重四级杆质谱法》（T/GXAF 0012—2023），用乙腈超声提取试样中的青蒿素，采用基质分散固相萃取剂净化，液相色谱－三重四级杆质谱进行测定，外标法定量。

2）仪器

（1）液相色谱－三重四级杆质谱仪：配有电喷雾（ESI）离子源。

（2）离心机：4 000 r/min。

（3）涡旋振荡机。

（4）分析天平：感量 0.000 1 g 和 0.01 mg。

（5）超声波清洗器。

（6）烘箱。

（7）微孔滤膜：0.22 μm，有机系。

（8）N‒ 丙基乙二胺（PSA）填料：粒径 40 ～ 60 μm。

（9）十八烷基硅烷键合相吸附剂（C_{18}）：粒径 40 ～ 60 μm。

3）试剂

（1）水：《分析实验室用水规格和试验方法》（GB/T 6682—2008）中规定的一级水。

（2）甲酸：色谱纯。

（3）乙腈：色谱纯。

（4）青蒿素标准品：纯度≥98%。

4）试剂配制

（1）0.1%甲酸水溶液：准确吸取1.0 mL甲酸于1 L容量瓶中，用水溶解并稀释定容至1 L。

（2）0.1%甲酸水溶液：准确吸取1.0 mL甲酸于1 L容量瓶中，用水溶解并稀释定容至1 L。

（3）青蒿素标准储备溶液：称取1 mg（精确到0.01 mg）的青蒿素标准品，用乙腈溶解并定容至10 mL，配制成100 μg/mL的标准储备溶液，–20℃以下保存，有效期3个月。

（4）青蒿素标准中间溶液：根据需要，用乙腈稀释成适当浓度的标准中间溶液，–20 ℃以下保存。

5）分析步骤

（1）试样处理。

①试样的制备。样品经烘箱40 ℃烘干、粉碎机粉碎，过60目分样筛，备用。

②提取。称取0.1 g（精确至0.000 1 g）样品，置于50 mL聚丙烯塑料离心管中，加入25 mL乙腈，室温振荡3 min，30 ℃超声30 min，以4 000 r/min的转速离心5 min，取上清液。

③净化。取1 mL上述上清液，置于预先称有20 mg PSA和50 mg C_{18}的2 mL聚丙烯塑料离心管中，涡旋振荡1 min，以4 000 r/min的转速离心5 min。取上清液过0.22 μm有机微孔滤膜。滤液供液相色谱–三重四级杆质谱测定。

（2）液相色谱参考条件。

①色谱柱：$BEHC_{18}$，2.1 mm×100 mm，粒度1.7 μm，也可选用性能相当者。

②流动相：流动相A为0.1%甲酸水溶液，流动相B为乙腈。

③流速：300 μL/min。

④柱温：40 ℃。

⑤进样量：2 μL。

（3）质谱参考条件。

①扫描方式：正离子。

②离子源温度：105 ℃。

③电喷雾电压：4 800 V。

④碰撞气流量：0.75 mL/min。

⑤去溶剂气流量：6 L/min。

⑥挡板电压：700 V。

⑦去溶剂气温度：480 ℃。

（4）标准曲线制备。将标准中间溶液用乙腈稀释至 5.0 ng/mL、10.0 ng/mL、20.0 ng/mL、30.0 ng/mL、50.0 ng/mL、100.0 ng/mL 做工作曲线，应现配现用。

（5）色谱分析。按照液相色谱－三重四级杆质谱条件测定样品，根据工作曲线计算样品含量。

6）结果计算

（1）计算。

$$\omega = \frac{c \times V}{m \times 1\,000}$$

式中：ω——试样中青蒿素的含量（μg/g）；

C——样液上机得到的青蒿素浓度（ng/mL）；

V——样液最终定容体积（mL）；

m——试样称样量（g）；

1 000——换算系数。

（2）结果表示。

①计算结果应扣除空白值。

②在重复性条件下获得的两次独立测定结果的绝对差值不得超过算术平均值的10%。

③在再现性条件下获得的两次独立测定结果的绝对差值不得超过算术平均值的10%。

6.5.5 液相色谱－质谱联用仪在环境分析领域的应用实验项目

1）有机肥料中 19 种兽药残留量的测定

兽药残留通过不同的途径进入环境，在各种环境因素的作用下，通过不同的方式发生转归。环境中的抗菌药不仅可以影响不同的生物种群，还通过不同生物间的关系，影响整个生态系统。通过研究和制定利用液相色谱－串联质谱，建立高效灵敏的检测方法，满足我国政府对有机肥料质量安全监控的需要，同时为兽药在有机肥－农田土壤－蔬菜系统的迁移和降解规律的研究提供技术保障。

（1）检测原理。试样中残留的兽药，用 Na_2 EDTA–Mcllvaine 溶液及乙腈－乙酸溶液提取，经固相萃取柱净化，用高效液相色谱－串联质谱仪进行测定，外标或内标法定量。

（2）仪器和设备。

①常用实验室仪器。

②试验筛：孔径 1.00 mm 和 2.00 mm。

③高效液相色谱－串联质谱仪：配有电喷雾离子源（ESI）。

④氮吹仪：氮气流量 1 ～ 20 L/min；水温控制室温 5 ～ 90 ℃（可调控）。

⑤天平：感量 0.1 mg。

⑥离心机：转速不低于 4 000 r/min。

⑦振荡器。

⑧ pH 计：测量精度 ± 0.02。

⑨固相萃取装置。

（3）试剂与耗材。

①试剂。

a. 水：《分析实验室用水规格和试验方法》（GB/T 6682—2008）中规定的一级水。

b. 金刚烷胺、磺胺吡啶、磺胺哒嗪、磺胺甲恶唑、磺胺噻唑、磺胺甲基嘧啶、磺胺二甲异恶唑、磺胺甲噻二唑、磺胺二甲嘧啶、磺胺 –6– 甲氧嘧啶、磺胺对甲氧嘧啶、磺胺甲氧哒嗪、磺胺氯哒嗪、磺胺邻二甲氧嘧啶、磺胺间二甲氧嘧啶、诺氟沙星、环丙沙星、恩诺沙星、氧氟沙星、氘代诺氟沙星（诺氟沙星 D_3）、氘代环丙沙星（环丙沙星 $–D_8$）、氘代恩诺沙星（恩诺沙星 $–D_5$）标准品：纯度不小于 95 ％。

c. 甲醇：色谱纯。

d. 甲酸：色谱纯。

e. 柠檬酸浴液：0.1 mol/L。

f. 磷酸氢二钠溶液：0.2 mol/L。

g.Mcllvaine 缓冲溶液。

h.Na$_2$ EDTA–Mcllvaine 缓冲溶液：0.02 mol/L。

i. 乙腈－乙酸溶液：体积比为 9∶1。

j. 甲酸水溶液：0.1%。

k. 混合标准储备溶液：100 μg/mL。

l. 混合标准工作溶液：1 μg/mL。

m. 氚代同位素内标储备溶液：100 μg/mL。

n. 混合内标工作溶液：5 μg/mL 和 1 μg/mL。

o. 复溶液。

p. 有机肥料空白试样：不含待测的 19 种兽药残留的有机肥料，也可以是经检测空白值在检出限以下的有机肥料样品，并经过 2 至 3 次提取后手 105 ℃烘干至与待测样品水分接近。

②耗材。

a. HLB（亲水/油平衡）固相萃取小柱，如 Waters Oasis PRiME HLB 60 mg，3 mL 固相萃取柱，也可选用功能相当者。

b. 滤膜：0.22 μm，如亲水 PTFE 滤膜或相当者。

（4）试剂配制。

①柠檬酸浴液（0.1 mol/L）：称取 21.01 g 柠檬酸，用水溶解，并定容至 1 000 mL。

②磷酸氢二钠溶液（0.2 mol/L）：称取 71.63 g 磷酸氢二钠，用水溶解，并定容至 1 000 mL。

③ Mcllvaine 缓冲溶液：将 1 000 mL 0.1mol/L 柠檬酸溶液与 625 mL 0.2 mol/L 磷酸氢二钠溶液混合，必要时用氢氧化钠或盐酸调节 pH 至（4.00±0.05）。

④ Na$_2$ EDTA–Mcllvaine 缓冲溶液（0.02 mol/L）：称取 60.5 g 乙二胺四乙酸二钠放入 1 625 mL Mcllvaine 缓冲溶液中，使其溶解，然后用纯水 5 倍稀释，混匀。

（5）标准品及标准溶液制备。

①乙腈－乙酸溶液（体积比 9∶1）：量取 90 mL 乙腈与 10 mL 乙酸混合。

②甲酸水溶液（0.1%）：准确吸取 1 mL 甲酸，置于 1 000 mL 容量瓶中，用水稀释并定容至 1 000 mL。

③混合标准储备溶液（100 μg/mL）：分别称取 19 种适量的兽药标准品，用甲醇溶解配制成 19 种兽药浓度均为 100 μg/mL 的混合标准储备溶液。混合标准储备溶液应在 –18 ℃冰箱中保存，有效期 3 个月。

④混合标准工作溶液（1 μg/mL）：准确吸取 10 mL 混合标准储备溶液，转移至 1 000 mL 容量瓶中，用甲醇定容至刻度线，配成 1 μg/mL 混合标准工作溶液。混合标准工作溶液应在 4 ℃下保存，有效期 1 周。

⑤氘代同位素内标储备溶液（100 μg/mL）：称取氘代诺氟沙星、氘代环丙沙星、氘代恩诺沙星标准品，用甲醇溶解配制成 3 种内标物浓度均为 100 μg/mL 的标准储备液。氘代同位素内标储备溶液应在 –18 ℃冰箱中保存，有效期 3 个月。

⑥混合内标工作溶液（5 μg/mL 和 1 μg/mL）：准确吸取适量氘代同位素内标储备溶液，用甲醇稀释配制成 5 μg/mL 和 1 μg/mL 的内标工作溶液。混合内标工作溶液应在 4 ℃下保存，有效期 1 周。

⑦复溶液：准确吸取 6.6 mL 的磷酸以及 7.4 mL 的三乙胺与 1 000 mL 的水混合，取 85 mL 混合后的溶液与 15 mL 乙腈混合。

有机肥料空白试样：不含待测的 19 种兽药残留的有机肥料。

（6）分析步骤。

①提取。称取（2.00 ± 0.02）g（精确至 0.001 g）试样，置于 50 mL 离心管中，加入 100 μL 的 5 μg/mL 混合内标工作溶液混匀，再加入 5 mL Na_2 EDTA–Mcllvaine 缓冲溶液，混匀后再加入 20 mL 乙腈 – 乙酸溶液，在振荡器上振摇 20 min，以 4 000 r/min 转速离心 10 min，保留上清液，用于兽药含量的测定。

②净化。取 2 mL 上清液过 3 mL 固相萃取小柱，保持约每秒一滴的流速，准确量取 1 mL 流出液，再过 0.22 μm 滤膜，待上机测试。

③测定条件。

a. 色谱参考条件：色谱柱为 C_{18} 柱（如 Thermo Hypersil GOLDaQ，100 mm × 2.1 mm，1.9 μm）也可选用具有相同分离功能的色谱柱；色谱柱温度 30 ℃；流动相 A 为甲醇，流动相 B 为 0.1% 甲酸水溶液；流速 0.4 mL/min；进样体积：2 μL。梯度洗脱条件如表 6–21 所示。

表6-21　有机肥料中19种兽药残留量的测定中的流动相梯度洗脱条件

时间（min）	流动相 A 体积含量（%）	流动相 B 体积含量（%）
0.0	5	95
1.0	5	95
3.0	20	80
4.0	20	80
4.5	30	70
5.5	70	30
6.9	70	30
7.0	5	95
9.0	5	95

b. 质谱参考条件：离子源：电喷雾离子源（ESD）；扫描方式为正离子扫描；检测方式为选择反应监测；喷雾电压 380 V；离子传输管温度 350 ℃；氮气作为鞘气和辅助气，鞘气流速 0.42 L/min，辅助气流速 1.42 L/min；氩气作为碰撞气，碰撞压力为 0.2 Pa。

④定性定量测定方法。

a. 定性方法。在相同实验条件下，被测样品中待测物的保留时间与基质匹配标准溶液中对应的保留时间偏差在 ±2.5% 之内，并且被测样品中待测物的离子相对丰度与浓度相近的基质匹配标准溶液中的对应离子相对丰度偏差不超过规定的范围，则可判定为样品中存在对应的待测物。

b. 定量方法。取试样溶液和基质匹配标准溶液，做多点校准，用外标法和内标法定量计算。诺瓶沙星、环丙沙星、恩诺沙星、氧氟沙星（共 4 种物质）采用内标法或外标法定量；金刚烷胺、磺胺吡啶、磺胺哒嗪、磺胶甲恶唑、磺胺噻唑、磺胺甲基嘧啶、磺胺二甲异恶唑、磺胺甲噻二唑、磺胺二甲嘧啶、磺胺 -6- 甲氧嘧啶、磺胺甲氧哒嗪、磺胺对甲氧嘧啶、磺胺氯哒嗪、磺胺邻二甲氧嘧啶、磺胺间二甲氧嘧啶（共 15 种物质）采用外标法定量。试样溶液和基质匹配标准溶液中各兽药的响应值均应在仪器检测的线性范围之内，超出线性范围需稀释进样测定，低于线性范围应按步骤提取净化后，准确量取 2.5 mL 流出液，40 ℃水浴氮气吹干后用 1 mL 复溶液溶解，过 0.22 μm 滤膜，待上机测试。

⑤空白试验。除不加试样外，按规定的步骤与测定试样同时进行。

（7）结果计算和表述。内标法按下式计算。计算结果应扣除空白值。

$$w_{内标} = \frac{\rho_i \times V}{m}$$

式中：$\omega_{内标}$——用内标法测得的试样中被测物残留量（mg/kg）；

ρ_i——内标法（被测物与内标物峰面积之比——浓度间线性关系）计算的样品制备液中被测物残留浓度（mg/L）；

V——试样溶液最终定容体积（mL）；

m——试样溶液所代表试样的质量（g）。

外标法用下式计算。

$$w_{外标} = \frac{\rho' \times A \times V}{A_s \times m}$$

式中：ω 外标——用外标法测得的试样中被测物残留量（mg/kg）；

ρ'——基质标准工作溶液中被测物的质量浓度（mg/L）；

A——试样溶液中被测物的色谱峰面积；

A_s——基质标准工作溶液中被测物的色谱峰面积；

V——试样溶液最终定容体积（mL）；

m——试样溶液所代表试样的质量（g）。

计算结果以重复性条件下获得的两次独立测定结果的算术平均值表示，保留到小数点后两位。

2）肥料中赤霉酸含量的测定

赤霉酸是一种植物生长调节剂，具有赤霉烷骨架，能刺激细胞分裂和伸长，可促进作物生长发育，使之提早成熟、提高产量、改进品质；能迅速打破种子、块茎和鳞茎等器官的休眠，促进发芽；减少蕾、花、铃、果实的脱落，提高果实结果率或形成无籽果实。但赤霉酸使用过量会导致作物出现倒伏的现象，同时会抑制作物的生长发育，因此建立一种测定赤霉酸的方法显得尤为重要。

（1）检测原理。样品用甲酸 - 甲醇溶液和甲酸溶液超声提取，以甲酸 - 甲醇溶液和甲酸溶液作为流动相，使用 C_{18} 为填料的不锈钢色谱柱，用高效液相色谱 - 三重四级杆串联质谱仪进行测定，外标法定量。

（2）仪器和设备。

①高效液相色谱－三重四级杆串联质谱仪：配有电喷雾离子源（ESI）。

②涡旋混合器。

③超声波清洗器。

④高速离心机：转速高于 8 000 r/min。

⑤电子天平：感量 0.1 mg。

⑥离心管：50 mL。

⑦实验室常用玻璃仪器。

（3）试剂与材料。

①试剂。

a. 水：《分析实验室用水规格和试验方法》（GB/T 6682—2008）中规定的一级水。

b. 甲醇：色谱纯。

c. 甲酸：色谱纯。

d. 甲酸－甲醇溶液：准确移取 1.0 mL 甲酸，用甲醇稀释至 1 L。

e. 甲酸溶液：准确移取 1.0 mL 甲酸，用水稀释至 1 L。

f. 初始流动相：甲酸－甲醇溶液和甲酸溶液以 1∶9 的比例混合均匀，现配现用。

g. 赤霉酸标准品：分子式 $C_{19}H_{22}O_6$，相对分子质量 346.38，纯度 ≥ 99.0%。

h. 赤霉酸标准储备溶液。

i. 赤霉酸标准工作溶液。

②耗材。有机相微孔滤膜：0.22 μm。

（4）试剂配制。

①甲酸－甲醇溶液：准确移取 1.0 mL 甲酸，甲醇稀释至 1 L。

②甲酸溶液：准确移取 1.0 mL 甲酸，用水稀释至 1 L。

（5）标准品及标准溶液制备。

①样品标准品：纯度均 ≥ 95%。

②标准溶液配制。

a. 赤霉酸标准储备溶液：准确称取赤霉酸标准品 0.1 g（精确 0.1 mg），置于 100 mL 容量瓶中，用甲醇溶解并稀释至刻度，溶液浓度为 1 mg/mL，避光。于 0 ℃ 至 2 ℃冷藏避光保存，有效期 3 个月。

b. 赤霉酸标准工作溶液：将赤霉酸标准储备浴液用甲醇稀释成 1 μg/mL 的标准工作溶液，现配现用。

（6）分析步骤。

①平行试验。做两份试料的平行测定。

②样品预处理。称取 1 g（精确至 0.1 mg）样品置于 50 mL 离心管中，加入 20 mL 初始流动相，用涡旋混合器均质 1 min 后，室温下超声 30 min，放置于转速为 8 000 r/min 的离心机内离心 5 min，将全部上层清液转移至 25 mL 容量瓶中并用初始流动相定容，摇匀后，取适量样品溶液经 0.22 μm 有机相微孔滤膜过滤，待测。

③高效液相色谱 – 三重四级杆串联质谱仪参考条件。

a. 液相色谱参考条件：色谱柱为 C_{18}（2.1 mm × 50 mm，1.7 μm）或功能相当者；柱温 30 ℃；样品室温度 15 ℃；流动相 A 为甲酸 – 甲醇溶液，流动相 B 为甲酸溶液，高效液相色谱梯度洗脱条件如表 6–22 所示；流速 0.3 mL/min；进样量 5.0 μL。

表6-22　高效液相色谱梯度洗脱条件

时间（min）	流动相 A 体积含量（%）	流动相 B 体积含量（%）
0	10	90
1.5	10	90
3.0	60	40
7.5	90	10
9.0	10	90
12.0	10	90

b. 质谱参考条件：离子源为电喷雾离子源（ESD）；扫描模式为负离子扫描；检测方式为多反应监测模式（MRM）；离子源温度 550 ℃；雾化气、气帘气、辅助气、碰撞气均为高纯氮气（纯度 ≥ 99.999%）；使用前应调节各气体流量，以使质谱灵敏度达到检测要求。

④测定。

a. 标准工作溶液的配制。准确移取 0 mL、0.1 mL、0.2 mL、0.5 mL、1.0 mL、2.0 mL 赤霉酸标准工作溶液，分别置于 10 mL 容量瓶中，用初始流动相定容，配制的标准工作溶液的浓度依次为 0 ng/mL、10 ng/mL、20 ng/mL、50 ng/mL、100 ng/mL、200 ng/mL。测定前配制。

b.定性测定。按要求对标准工作溶液和试液进行分析，将样品色谱峰的保留时间与标准品的保留时间相对照，样品与标准品保留时间的相对偏差不大于 5%；将样品特征离子与标准品各特征离子对照，样品特征离子的相对丰度与标准品的相对丰度偏差不超过规定范围，则可判定样品中含有赤霉酸。

c.定量测定。采用外标法定量测定。在仪器最佳工作条件下测定标准工作溶液，以峰面积为纵坐标，以对应的标准工作溶液的浓度为横坐标，绘制标准工作曲线。

取样品待测液，按照要求进行测定，记录色谱峰的保留时间和峰面积，用标准工作曲线对样品进行定量，样品溶液中待测物响应值均应在仪器测定的线性范围之内。

d.空白试验。除不加试料外，均按照上述步骤进行。

（7）结果计算和表述。赤霉酸的含量 X_i 可按下式计算。

$$X_i = \frac{(c_i - c_0) \times V_i \times D}{1\,000m}$$

式中：X_i ——赤霉酸含量（mg/kg）；

C_i ——由标准曲线得到样品中赤霉酸的浓度（ng/mL）；

C_0 ——由标准曲线得到空白试验中赤霉酸的浓度（ng/mL）；

V_i ——样品溶液（或稀释后）的总体积（mL）；

D ——样品稀释倍数；

m ——样品质量（g）。

计算结果以重复性条件下获得的两次独立测定结果的算术平均值表示，保留三位有效数字。

参考文献

[1] 国家药典委员会.中华人民共和国药典：一部 [M].2020 年版.北京：中国医药科技出版社，2020.

[2] 国家药典委员会.中华人民共和国药典：二部 [M].2020 年版.北京：中国医药科技出版社，2020.

[3] 周立，刘裕红，贾俊.仪器分析技术 [M].成都：西南交通大学出版社，2018.

[4] 商登喜.气相色谱仪的原理及应用 [M].北京：高等教育出版社，1989.

[5] 李涛.超高效液相色谱在美罗培南分析中的应用 [D].济南：齐鲁工业大学，2020.

[6] 李瑞娟，刘同金，梁慧，等.啶酰菌胺在冬瓜、辣椒和花椰菜中的残留特征及使用安全性评价 [J].农药，2021，60(12)，909–912，932.

[7] 孟薇.高效液相色谱法在药品检验中的应用和效果 [J].中国医药指南，2020，18(18): 298，封 3.

[8] 邬伟魁，严倩茹，宋伟.液相色谱检测器联用技术在中药分析中的应用进展 [J].中国药事，2022，36(5): 569–577.

[9] 陈黎明，陈洁，张晓丹.气相色谱–串联质谱法结合 QuEChERS 法快速检测中药中 50 种农药残留 [J].中草药，2023，54(8): 2596–2606.

[10] 陈海燕，李聪，苏敏仪，等.2020 年广东省生产领域化妆品安全监督监测结果分析 [J].香料香精化妆品，2022(5): 72–76.

[11] 蒋凤兵.高效液相色谱–联质谱技术在化妆品检验中的应用[J].香料香精化妆品，2023(1): 116–119，126.

[12] 郭培源，刘硕，杨昆程，等.色谱技术、光谱分析法和生物检测技术在食品安全检测方面的应用进展 [J].食品安全质量检测学报，2015(8): 3217–3223.

[13] 李伟，刘平，郭文丽，等.气相色谱技术在食品安全检测中的应用分析 [J].中国食品工业，2023(4): 56–57，62.

[14] 张晨霞，马宇翔，赵天培，等.超高效液相色谱–三重四极杆质谱法检测油脂和油炸食品中 7 种杂环胺类物质 [J].色谱，2020，38(2): 224–231.

[15] 刘虎威，傅若农．色谱分析发展简史及其给我们的启示 [J]．色谱，2019, 37(4): 348–357.

[16] 刘金峰．学习贯彻二十大精神，守好食品安全底线、提升营养健康高线：党的二十大学习体会 [J]．中国食品卫生杂志，2022, 34(6): 1123–1127.

[17] 赵明，王安冬，祝永卫，等．色谱实验室中高效液相色谱柱的管理 [J]．实验技术与管理，2018, 35(12): 267–269.

[18] 冷晓晨，张影，胡娟，等．实验室高效液相色谱安全使用及注意事项 [J]．广州化工，2022(4): 115–117, 120.

[19] 冯淑敏．高效液相色谱在食品检测中的应用探究 [J]．食品安全导刊，2023(6): 163–165.

[20] 岳纲冬，董晓欢．液质联用技术在粮食真菌毒素检测中的应用研究进展 [J]．粮油仓储科技通讯，2022(3): 51–56.

[21] 周敏，孙文闪，朱萌萌，等．分散固相萃取－超高效液相色谱－串联质谱法测定马铃薯中的抑芽丹 [J]．食品安全质量检测学报，2018(13): 3281–3285.

[22] 王森，李国烈，陈纬成．超高效液相色谱－串联质谱测定桑葚中唑螨酯残留量 [J]．现代食品，2021, 29(24): 193–196, 203.

[23] 张志强，陈其钊，高裕锋，等．2D-HPLC 柱切换法测定蔬菜中的阿维菌素 [J]．食品科技，2022(12): 275–280.

[24] 胡超，潘家婧，徐伊霖，等．新"浙八味"中有机氯农药和重金属残留风险评估 [J]．环境科学与技术，2023, 46(增刊): 203–209.

[25] 郗凌霄，姚立国．西玛津的生产工艺研究 [J]．精细与专用化学品，2018, 26(4): 40–42.

[26] 魏磊．气相色谱－质谱法测定地表水中阿特拉津、西玛津和扑灭津的残留量 [J]．化学工程师，2022, 36(1): 19–21.

[27] 龙家寰，张盈，高迪，等．二氯喹啉酸及其代谢物和莠去津在高粱中的残留检测及膳食风险评估 [J]．农药，2022, 61(7): 507–512.

[28] 陈武瑛，陈昂，李凯龙，等．苯醚甲环唑在芹菜和土壤中的残留行为及风险评估 [J]．农药学学报，2022, 24(6): 1500–1507.

[29] 黄婷婷．食品中有机磷农药残留检测方法的改进研究 [J]．现代食品，2021, 27(9): 185-187.

[30] 杨杰，陈创钦，黄文锋，等．我国食品中有机磷农药残留检验方法的改进研究 [J]．中国卫生检验杂志，2021, 31(18): 2297–2300.

[31] 周冉豪，秦铭，王睿.20% 赤霉酸可溶粉剂高效液相色谱分析 [J]. 化工时刊，2022, 36(11): 6-8, 13.

[32] 徐金丽，尤祥伟，陈丹，等 . 高效液相色谱 – 联质谱对花生中三氟羧草醚的残留检测与风险评估 [J]. 农药科学与管理，2017(8): 25-30.

[33] 徐玉珍，刘希望，秦哲，等 . 液相色谱 – 串联质谱法检测猪血浆中除虫脲的方法学研究 [J]. 中国畜牧兽医，2022, 49(7): 2746-2756.

[34] 杨振国，谢道燕，柴建萍，等 . 含有吡丙醚的农药种类与防治对象 [J]. 中国蚕业，2022, 43(3): 45-48.

[35] 黄诚，钱朝峰，陈栋，等 . 山茶油中苯并芘的调查分析 [J]. 粮食与饲料工业，2022(1): 12-13.

[36] 彭霞，刘泸蔚，胡艳，等 . 气相色谱法和气相色谱 – 质谱法测定水中苯系物的研究 [J]. 环境科学与管理，2023, 48(3): 129-133.

[37] 翁文静，李飞飞 . 气相色谱法测定环境空气和工业废气中的吡啶 [J]. 能源与环境，2016(6): 80, 82.

[38] 魏凤，谢沙，毕军平，等 .GC-MS 测定水质中 34 种有机氯农药和氯苯类化合物 [J]. 绿色科技，2021, 23(24): 1-5.

[39] 武建强，赵中敬，洪霞，等 . QuEChERS-GC-MS 法快速同时测定水质中 12 种硝基酚类化合物 [J]. 食品与机械，2021(8): 70-76.

[40] 龚宁，程化鹏 . 高效液相色谱 – 三重四级杆质谱联用仪测定有机肥料中赤霉酸的研究 [J]. 山东化工，2021, 50(9): 92-93.

[41] 王燕，傅科杰，华正江，等 . 高效液相色谱法测定进出口医疗器械中的 MDI 溶出量 [J]. 中国口岸科学技术，2022, 4(11): 40-46.

[42] 张莉，文燕，何涛，等 . 气相色谱法测定一次性使用输液（血）器中环己酮的残留量 [J]. 中国医疗器械杂志，2014, 38(5): 381-382, 385.

[43] 田莹，谢德芳，阳辛凤，等 . 唑螨酯的毒性及研究进展 [J]. 现代农药，2021, 20(2): 12-15.

[44] 聂延君，张乃斌，吴敏，等 . 吡拉西坦片溶出度的测定方法研究 [J]. 食品与药品，2022, 24(2): 106-110.

[45] 邓清月，吕芳，董英，等 . 枸杞多糖中医药研究概况：文献计量学分析 [J]. 中草药，2023, 54(9): 2852-2862.

[46] 刘睿，李迪，李勇 . 人参皂甙药理作用研究进展 [J]. 中国食物与营养，2017, 23(10): 68-72.

[47] 夏春苗.液相色谱法测定染料产品中的 4- 氨基偶氮苯 [J].染料与染色，2018，55(6)：40-43.

[48] 李樱红，胡磊，颜琳琦.三重四级杆气质联用结合标准加入 – 内标校正法测定化妆品中二噁烷的残留量 [J].日用化学品科学，2018，41(4)：24-27.

[49] 刘祥萍，黄薇，李春野，等.化妆品中邻苯二甲酸酯的气相色谱 – 质谱测定法 [J].环境与健康杂志，2007(11)：915-916.

[50] 方艺霖，方杰，吴晓燕.一测多评法测定化妆品中 7 种性激素的含量 [J].香料香精化妆品，2021(1)：49-52，57.

[51] 戴明.UPLC-MS/MS 法测定 7 类化妆品中 4- 氨基联苯 [J].化学研究与应用，2013，25(9)：1314-1318.

[52] 黄运龙，周宏斌，杨乐萍，等.化妆品中丙烯酰胺的健康风险评估 [J].香料香精化妆品，2022(1)：76-80.

[53] 付金凤，朱晓雯.液相色谱 – 串联质谱法测定化妆品中米诺地尔含量的不确定度评价 [J].当代化工研究，2020(14)：156-157.

[54] 沙丽娜，杨光勇，穆晓娟，等.液质联用法测定化妆品中 16 种抗感染类药物 [J].日用化学工业，2021，51(8)：802-808.